TRAY BAKE
英式常溫甜點好食光

無奶油 ✕ 省時快速 ✕ 單一烤盤，
烘焙達人51款私藏配方全公開

吉川文子／著　安珀／譯

前　言

初次接觸烤盤甜點是距今7～8年前的事了。
當時我也曾對下午茶很感興趣，
所以經常翻閱英國糕點的相關書籍，其中與司康、餅乾、
蛋糕、馬芬等耳熟能詳的英國糕點並列且經常出現的是
有著「tray bake」這個陌生名稱的糕點。

我抱持著好奇心試著查閱資料，發現「tray＝烤箱的烤盤」，
這才了解那個陌生的名稱指的是「使用烤盤薄薄地烤製而成的四方形蛋糕」。

不需要烤模，使用烤盤就能輕鬆烘烤糕點，
記得當時這讓我感動地讚嘆：不愧是手工甜點的發源地——英國！

然而，實際烤製之後才發現，如果在家裡要把糕點吃完，烤盤的尺寸稍微大了一點，
所以當我試著把麵糊倒入手邊現有的調理盤烘烤時，
它的烘烤時間短、分切容易、外觀新穎，這幾項特點深深吸引著我，
從那時起我就徹底成為烤盤甜點的忠實愛好者了。

恰巧在這個時候，我在同一本書中還發現了使用植物油製作的蛋糕食譜。
在那之前，若是提到常溫糕點，我想到的多半是使用奶油製作的點心，
因為這兩個新發現，我開始全心投入嘗試製作各種不同的糕點。

本書中將為大家介紹許多食譜，都是簡單易做的「不使用奶油的烤盤甜點」。
除了奶油酥餅、維多利亞海綿蛋糕、燕麥餅等傳統的英國糕點之外，
我還試著加入一些可以欣賞漂亮外觀的糕點，
例如做成烤盤甜點一定很美味，
而且應該很容易製作的佛羅倫丁杏仁餅和蘋果派。

大部分的食譜都是利用一個缽盆，一邊不斷地加入材料、
一邊畫圈攪拌，就能完成麵糊！因為就是如此簡單，
所以請大家放輕鬆，一定要開心地試著做做看。

吉川文子

1.

烤模只需1個調理盤

本書中的糕點,全部都可以使用Cabinet
尺寸(20.5×16×深3cm)的調理盤製
作。在這本書中,我使用的是野田琺瑯
的琺瑯調理盤,不過使用不鏽鋼製品或
鋁製品也OK。此外,使用15×15cm
的方型烤模也同樣可以製作。如果使用
方形烤模製作,麵糊會變得稍厚一點,
但烘烤的溫度和時間是一樣的,請放心。
請觀察烘烤的情況,試著調整看看。

2.

烘烤時間縮短

正因為是倒入調理盤中烘烤,麵糊比較
薄,所以可以縮短烘烤完成的時間,這
點深得我心。例如,以磅蛋糕來說,烘
烤時間會比平常少10分鐘左右。只要一
時興起,就立刻站在廚房中,在缽盆裡
畫圈攪拌製作出麵糊,迅速烤好之後,
點心時間也到了。如此輕鬆就可以完成
的,莫過於非常適合作為日常糕點的烤
盤甜點了。

3.
容易分切

以四方形模具烘烤而成的糕點，特色在於比起圓形模具或磅蛋糕模具，更容易分切。可以切得大塊一點，由少數人分食，也可以切成 4×5 列之類的小塊，在人多的時候，一起享受點心時間。除了正方形之外，切成長方形或是棒狀，又或是斜切一半之後再切成三角形也沒問題。此外，用來當做伴手禮時，還能連同調理盤一起帶著走，不必擔心糕點會變形。

4.
裝飾也充滿樂趣

用調理盤烤製的糕點，表面積夠大，所以可以在上面擺放水果或堅果等頂飾配料，也可以做出大理石紋路……享受許多裝飾的樂趣。雖然光是直接烘烤麵糊就十分美味，但如果放上奶酥之後再烘烤，或是在烤好的成品上面澆淋糖霜，就能變身為更令人心動的蛋糕。若是用鮮奶油霜妝點的話，還可以做出像裝飾蛋糕一樣華麗的蛋糕。

CONTENTS

BASIC TRAY BAKE

Chapter. 1

CHOCOLATE &CHEESE TRAY BAKE
巧克力和乳酪的烤盤甜點

Chapter. 2

FRUITS TRAY BAKE
水果的烤盤甜點

Chapter. 3

VEGETABLE TRAY BAKE
蔬菜的烤盤甜點

Chapter. 4

NUTS & DRIED FRUITS TRAY BAKE
堅果和果乾的烤盤甜點

Chapter. 5

COOKIE & TART TRAY BAKE
餅乾和塔的烤盤甜點

Column

[本書的注意事項]

- 1大匙是15ml，1小匙是5ml。
- 蛋是使用M尺寸的大小，植物油是使用太白芝麻油。
- 「1撮」指的是以拇指、食指、中指這3根手指所輕輕捏起的分量。
- 烤箱預先加熱至設定的溫度。烘烤時間會因熱源和機型等條件而略有不同。請以食譜刊載的時間為參考標準，視烘烤狀況來增減時間。
- 如果使用的是瓦斯烤箱，請在烘烤時間過了大約⅔的時候，將溫度調降10℃左右。
- 微波爐的加熱時間，以600W的微波爐為準。500W的微波爐請將時間增為1.2倍。不同的機型可能會有些微差距。

BASIC TRAY BAKE
一起來製作基本款的
烤盤甜點吧

咖啡布朗尼
Coffee brownie

如果提到烤得比較薄，然後分切成四方形的糕點，
首先浮現在腦海中的就是巧克力常溫糕點──布朗尼。
將蛋和巧克力混合，然後攪拌至變得黏稠，
就能烤出入口即化的蛋糕體。攪拌完成後加入咖啡粉，
迅速混合，以隱約的苦味增添獨特風味。

材料 （20.5×16×深3cm的調理盤1片份）

烘焙用巧克力（苦味） 100g
植物油 50g
原味優格 30g
蛋 2個
細砂糖 50g
A 低筋麵粉 40g
泡打粉 1/3小匙
即溶咖啡（粉末） 1小匙
裝飾用可可粉 適量

預先準備

· 將蛋恢復至室溫。
· 將巧克力細細切碎。
· 在調理盤中鋪上烘焙紙。
· 將烤箱預熱至180℃。

1 融化巧克力

將巧克力放入缽盆中隔水加熱（缽盆底部墊著60℃的熱水），以打蛋器攪拌使巧克力融化。

＊60℃大概是手指放入水中會覺得燙的熱度（小心燙傷）

逐次少量地加入油，以打蛋器畫圈充分攪拌，然後將優格也加進去，畫圈攪拌。

2 與蛋混合

取另一個缽盆，放入蛋和細砂糖，以打蛋器攪拌1分鐘左右，直到砂糖的粗糙感消失。

＊充分攪拌使蛋液飽含空氣，做出鬆軟的口感

加入①的巧克力，畫圈攪拌至變得黏稠。

＊乳化成黏稠狀，就會形成入口即化的蛋糕體

3 加入粉類

將A過篩加入，

以打蛋器畫圈攪拌，

攪拌至沒有粉粒之後，加入咖啡粉，以橡皮刮刀迅速混合。

＊咖啡粉沒有完全融勻，較能帶來獨特風味，所以要迅速混合

4 烘烤

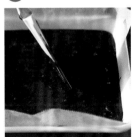

倒入調理盤中，以180℃的烤箱烘烤約20分鐘。將竹籤插入中心，如果沒有沾附黏稠的麵糊就表示烤好了。完全冷卻之後，可依個人喜好，以小濾網篩撒可可粉。

享用烤盤甜點的方式

雖然將麵糊直接烘烤的質樸樣貌也非常可愛，看起來很好吃，但如果能再添加頂飾配料或鮮奶油霜，就可以搖身一變，展現華麗的印象。

上面擺放餅乾

放上市售的「Lotus」焦糖餅乾烤製而成的布朗尼。與飄散著肉桂香氣、口感酥脆的餅乾是絕佳搭配。此外，將「奧利奧」餅乾掰成大塊之後擺放上去也別有樂趣。

上面擺放水果

放上糖漬檸檬烤製而成的布朗迪，外觀看起來特別地可愛。還要推薦給大家的是搭配縱切成半的香蕉或香蕉圓片的香蕉麵包，以及將新鮮蘋果薄片擺放在上面的蘋果蛋糕。

上面擺放奶酥

在拌入蘋果和蘭姆葡萄乾的麵糊上面撒上奶酥烤製而成的蘋果奶酥蛋糕。奶酥硬脆的口感無與倫比。放在無花果焦糖蛋糕上面烘烤也會很美味。

上面擺放堅果

放上胡桃烤製而成的咖啡布朗迪。烤得硬脆的堅果，香氣濃郁，令人無法抗拒。除了胡桃外，也可以嘗試用自己喜愛的堅果，例如杏仁、核桃和開心果等做做看。

做出大理石紋路

將抹茶麵糊攪拌成大理石紋路製作而成的抹茶大理石乳酪蛋糕。將2種不同的麵糊交替倒入調理盤中，用長筷描畫8字型做出紋路。在乳酪的風味後，微苦的抹茶蛋糕在口中曼妙地擴展開來。

做成2層

在布朗尼麵糊表層疊上乳酪麵糊烤製而成的布朗尼乳酪蛋糕。設計成可以將2種麵糊重疊在一起，一次就烘烤完成的配方。雖然不是變成平整的2層，但還是很可愛。

淋上巧克力

在口感輕盈的可可蛋糕外層淋覆一層巧克力，製作出薩赫蛋糕的風味。在融化的巧克力當中拌入少許植物油，就能做出帶有光澤的淋醬。也很適合淋在香蕉麵包上。

塗上鮮奶油霜

將加入細椰絲的蛋糕以鮮奶油霜裝飾而成的藍莓椰子蛋糕。鮮奶油霜只用湯匙大略塗抹上去即可。最後撒上藍莓和檸檬皮，裝飾蛋糕就完成了。

CHOCOLATE
&CHEESE
TRAY
BAKE

Chapter.1 巧克力和乳酪的烤盤甜點

本章將為大家介紹以融化的巧克力製作、味道濃郁的布朗尼，以及以白巧克力製作的布朗迪。還將介紹口感輕盈的可可蛋糕和乳酪蛋糕。布朗迪中稍微多加了一點麵粉，做出較為輕盈的味道。乳酪蛋糕中則添加了優格，留下清爽的餘味。不論是哪種蛋糕都要充分地攪拌，成為黏稠的質感之後就能烤出入口即化的美味蛋糕。

1.
香蕉布朗尼
Banana brownie

在麵糊和頂飾配料當中都大量使用
與巧克力有絕佳契合度的香蕉。
利用香蕉的黏糊質感做出濃厚的味道。

2.
花生醬布朗尼
Peanut butter brownie

在布朗尼上盛放以花生醬為基底的濃郁奶油
並抹出大理石紋路烘烤而成。
使用顆粒花生醬製作口感也很棒。

3.
焦糖餅乾布朗尼
Caramel biscuit brownie

將微帶肉桂風味的市售焦糖餅乾擺放其上，
當做頂飾配料烤製而成的布朗尼。
可以享受到宛如布朗尼塔的滋味。
建議大家用手拿著，連同餅乾一起享用。

1. 香蕉布朗尼

材料 （20.5×16×深3cm的調理盤1片份）

A｜ 低筋麵粉　50g
　｜ 泡打粉　½ 小匙
B｜ 可可粉　30g
　｜ 黍砂糖　80g
　 蛋　2個
　 植物油　50g
　 牛奶　20g
　 香蕉　1根（淨重100g）
　 頂飾配料用的香蕉　1根（淨重100g）

麵糊用的香蕉以叉子大略壓碎之後，加進可可糊之中，以打蛋器畫圈攪拌。如此一來，就能做出充滿香蕉風味的濕潤蛋糕體。

預先準備

- 將蛋恢復至室溫。
- 將麵糊用的香蕉以叉子大略壓碎，頂飾配料用的香蕉則切成1cm厚的圓片。
- 在調理盤中鋪上烘焙紙。
- 將烤箱預熱至180℃。

作法

❶　將B放入缽盆中以打蛋器畫圈攪拌，然後依照順序加入蛋（一次加入）、油（逐次少量）、牛奶、壓碎的香蕉，每次加入時都要畫圈攪拌。

❷　將A過篩加入，以橡皮刮刀從底部翻拌至均勻為止。

❸　倒入調理盤中，將頂飾配料用的香蕉擺放在整個麵糊上面，以180℃的烤箱烘烤30分鐘左右。

頂飾配料用的香蕉切成1cm厚的圓片，隨意擺放在麵糊表面。因為香蕉經過烘烤之後會稍微陷入蛋糕體中，所以要切得厚一點。

2. 花生醬布朗尼

材料 （20.5×16×深3cm的調理盤1片份）

烘焙用巧克力（苦味） 100g
植物油 50g
原味優格 30g

蛋 2個
細砂糖 50g

A 低筋麵粉 40g
泡打粉 1/3 小匙

【花生醬奶油】
花生醬（微糖・有顆粒） 60g＊
黍砂糖 10g
牛奶 30g
低筋麵粉 1小匙
＊使用「SKIPPY」花生醬

預先準備

・ 與下方相同。

作法

① ～ ③ 與下方相同。

④ 製作花生醬奶油。將材料依照順序放入缽盆中（牛奶逐次少量地加入，低筋麵粉過篩加入），每次加入時都要以打蛋器畫圈攪拌。用湯匙舀在已經倒入調理盤中的③上面，分別落在10個地方，然後用湯匙輕輕抹出大理石紋路（a）。以180℃的烤箱烘烤30分鐘左右。

3. 焦糖餅乾布朗尼

材料 （20.5×16×深3cm的調理盤1片份）

烘焙用巧克力（苦味） 100g
植物油 50g
原味優格 30g

蛋 2個
細砂糖 50g

A 低筋麵粉 40g
泡打粉 1/3 小匙
肉桂粉 1/2 小匙

「Lotus」焦糖餅乾 8片

作法

① 將巧克力放入缽盆中隔水加熱（缽盆底部墊著60℃的熱水），以打蛋器攪拌使巧克力融化。依照順序加入油（逐次少量）、優格，每次加入時都要畫圈攪拌。

② 取另一個缽盆，放入蛋和細砂糖，以打蛋器攪拌1分鐘左右。加入①，畫圈攪拌直到變得黏稠。

③ 將A過篩加入，以打蛋器畫圈攪拌至沒有粉粒之後，改用橡皮刮刀從底部翻拌。

④ 倒入調理盤中，將餅乾擺放2×4列，以180℃的烤箱烘烤25分鐘左右。

預先準備

・ 將蛋恢復至室溫。
・ 將巧克力細細切碎。
・ 在調理盤中鋪上烘焙紙。
・ 將烤箱預熱至180℃。

4.
紐約乳酪蛋糕
New York cheesecake

只需依照順序攪拌材料就能完成，製作過程簡單輕鬆的乳酪蛋糕。
添加了優格，轉化出富含奶香又清爽的味道。
加入蛋黃1個份可使味道更加香醇，是推薦的配方。
以稍高一點的溫度預熱之後，維持烤箱內的溫度進行烘烤。

材料 （20.5×16×深3cm的調理盤1片份）

奶油乳酪　150g
細砂糖　50g
原味優格　50g
鮮奶油　100g
蛋　1個
蛋黃　1個份
玉米粉　10g

【餅乾底】

消化餅乾　9片（80g）
植物油　2大匙
楓糖漿　1小匙

以擀麵棍將餅乾細細壓碎，拌入油和楓糖漿之後，倒入調理盤中，放上保鮮膜，然後用手按壓，確實鋪滿。

將玉米粉過篩放入另一個較小的缽盆中，加入3大匙的乳酪麵糊攪拌之後，再倒回原來的缽盆中。如此一來，玉米粉就不會浮在表面形成結塊。

預先準備

· 將奶油乳酪、蛋、蛋黃恢復至室溫。
· 在調理盤中鋪上烘焙紙。
· 將烤箱預熱至180℃。

作法

❶　製作餅乾底。將消化餅乾放入夾鏈保鮮袋之中，以擀麵棍細細敲碎。加入油以及楓糖漿之後，從袋子的上方開始搓揉混合，倒入調理盤中，放上保鮮膜之後，用手按壓鋪滿。

❷　將已經軟化的奶油乳酪、細砂糖放入缽盆中，以橡皮刮刀磨壓混合成乳霜狀。依照順序加入優格、鮮奶油、蛋、蛋黃，每次加入時都要以打蛋器畫圈攪拌。

❸　將玉米粉過篩放入另一個較小的缽盆中，加入3大匙的②之後以打蛋器攪拌。倒回②的缽盆中攪拌，然後倒入①的調理盤中。

❹　在烤盤中鋪上廚房紙巾，放上③之後，放入烤箱中，然後在烤盤中倒入滾水直到接近烤盤的邊緣（小心燙傷），以160℃烘烤35分鐘左右。放涼之後，將成品連同調理盤放入冷藏室冷卻3小時以上。

＊在烤盤中倒入滾水時，烤箱內的溫度會下降，所以訣竅在於先預熱至稍高一點的溫度180℃

在烤盤中鋪上廚房紙巾，放上調理盤後，放入烤箱中，然後在烤盤中倒入滾水直到接近烤盤的邊緣。鋪廚房紙巾是為了緩和受熱的熱力。

5.
奧利奧可可蛋糕
Oreo cocoa cake

以孩童時期吃過，讓人覺得有點懷念的可可蛋糕
為靈感來源製作而成。相較布朗尼，使用更多麵粉，
輕盈的口感為其特色。「奧利奧餅乾」掰成大塊後變得小巧可愛，
而餅乾的微苦味與奶油夾心的甜味更加突顯出蛋糕的美味。

材料　（20.5×16×深3cm的調理盤1片份）

A｜ 低筋麵粉　100g
　｜ 泡打粉　½小匙
B｜ 可可粉　20g
　｜ 黍砂糖　100g
蛋　1個
植物油　80g
原味優格　30g
牛奶　30g
「奧利奧」餅乾　5組

預先準備

・將蛋恢復至室溫。
・在調理盤中鋪上烘焙紙。
・將烤箱預熱至180℃。

作法

❶　將B放入缽盆中，以打蛋器畫圈充分攪拌，
然後依照順序加入蛋、油（逐次少量）、優格、
牛奶，每次加入時都要畫圈攪拌。

❷　將A過篩加入，以打蛋器畫圈攪拌至沒有粉
粒之後，改用橡皮刮刀從底部翻拌。

❸　倒入調理盤中攤平之後，將奧利奧餅乾掰成
2～4等分擺放在上面，以180℃的烤箱烘烤25
分鐘左右。

將粉類加入可可糊中，以打
蛋器畫圈攪拌至沒有粉粒之
後，改用橡皮刮刀從缽盆的
底部翻拌。如此一來，就可
以連麵糊的底部都攪拌得很
均勻。

用手將「奧利奧餅乾」掰成
2～4等分，擺放在整個麵
糊上面。如果掰成小塊會產
生一堆碎屑，所以重點在於
要盡量掰大塊一點。

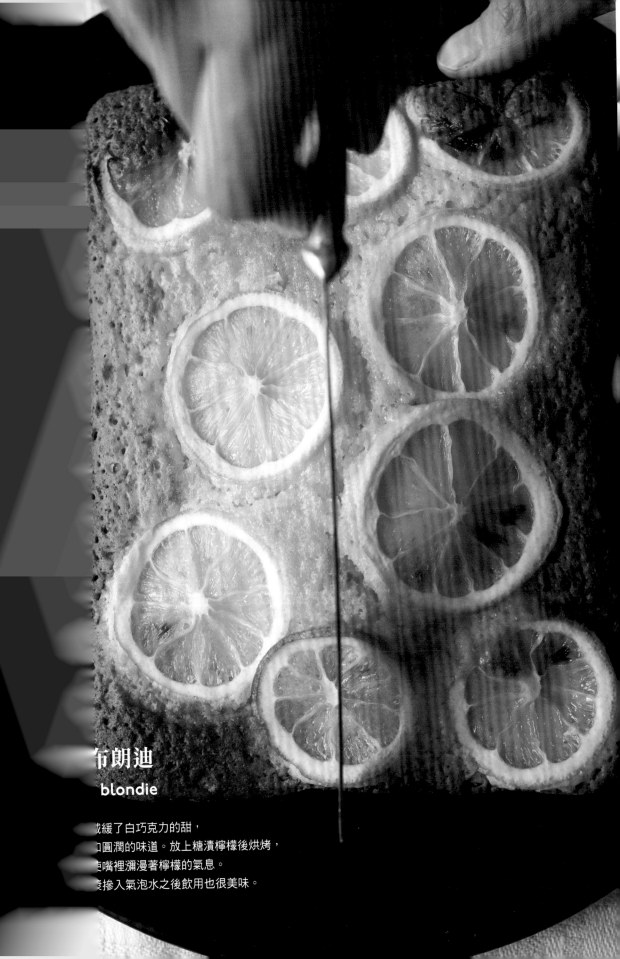

布朗迪
blondie

...成緩了白巧克力的甜，
...和圓潤的味道。放上糖漬檸檬後烘烤，
...使嘴裡瀰漫著檸檬的氣息。
...掺入氣泡水之後飲用也很美味。

材料 （20.5×16×深3cm的調理盤1片份）

烘焙用白巧克力　70g

植物油　70g

蛋　2個

細砂糖　60g

檸檬汁　1小匙

磨碎的檸檬皮（無蠟的檸檬）

　1個份

A　低筋麵粉　80g

　泡打粉　1/3 小匙

【糖漬檸檬】（容易製作的分量）

檸檬（無蠟的檸檬）　1個

細砂糖　40g

水　70ml

預先準備

· 將蛋恢復至室溫。

· 將白巧克力細細切碎。

· 在調理盤中鋪上烘焙紙。

作法

❶　製作糖漬檸檬。將檸檬連皮切成4mm厚的圓片，放入容器中。將細砂糖和水放入小鍋中煮滾，放涼之後淋在檸檬片上面，將保鮮膜壓貼著檸檬片包覆起來，放置30分鐘以上。將烤箱預熱至180℃。

❷　將白巧克力放入缽盆中隔水加熱（缽盆底部墊著60℃的熱水），以打蛋器攪拌使白巧克力融化。逐次少量地加入油，每次加入時都要畫圈攪拌。

❸　取另一個缽盆，放入蛋和細砂糖，以打蛋器攪拌1分鐘左右。加入②，畫圈攪拌直到變得黏稠，然後加入檸檬汁和檸檬皮一起攪拌。

❹　將A分成2次過篩加入，以橡皮刮刀從底部翻拌至均勻為止。

❺　倒入調理盤中攤平之後，再放上9片已經擦乾汁液的①，以180℃的烤箱烘烤30分鐘左右。

＊擺放糖漬檸檬片時，要避免集中在不易烤熟的中心部分

將糖漿淋在檸檬片上面，然後將保鮮膜壓貼著檸檬片包覆起來，放置30分鐘以上。煮過的檸檬容易釋出苦味。剩下來的檸檬片也可以冷凍保存。

將融化的白巧克力加進蛋液中，再加入檸檬汁以及檸檬皮一起攪拌。不僅加入檸檬汁，還加入檸檬皮，製作出檸檬感更濃郁的麵糊。

將麵糊倒入調理盤中，然後用橡皮刮刀將堆積在中央的麵糊往四個角落推開，讓麵糊攤平。如此一來，就可以烘烤得很均勻。

7.
香蕉乳酪蛋糕
Banana cheesecake

將香蕉壓碎後混拌在麵糊中的乳酪蛋糕，
可以充分感受到香蕉的存在感。
作為頂飾配料的香蕉會變色，
所以在享用之前先炒過再放上去。

8.
抹茶大理石
乳酪蛋糕
Matcha marble cheesecake

加入微苦的抹茶麵糊調合成大理石紋路，
質地濕潤的紐約乳酪蛋糕。
抹茶的苦味恰到好處，
好吃到停不下來。

9.
咖啡布朗迪
Coffee blondie

白巧克力和咖啡的組合,
轉化成咖啡牛奶風味的溫和味道。
放在上面的堅果,帶來獨特的香脆口感。

10.
抹茶布朗迪
Matcha blondie

味道醇厚的白巧克力結合微苦的抹茶。
以受歡迎的組合製作成口感輕盈的布朗迪。
頂飾配料的巧克力切成粗末,突顯出存在感。

7. 香蕉乳酪蛋糕

材料 （20.5×16×深3cm的調理盤1片份）

奶油乳酪　200g

細砂糖　60g

蜂蜜　20g

A｜ 原味優格　50g

　｜ 牛奶　30g

　｜ 蛋　2個

　｜ 香蕉　1根（淨重100g）

玉米粉　10g

　｜ 頂飾配料用的香蕉　1根（淨重100g）

　｜ 細砂糖　2小匙

【餅乾底】

消化餅乾　9片（80g）

植物油　2大匙

楓糖漿　1小匙

預先準備

· 與「紐約乳酪蛋糕」（17頁）相同。

· 麵糊用的香蕉以叉子大略壓碎。

＊訣竅是以180℃預熱⇒以160℃烘烤

作法

① 餅乾底參考「紐約乳酪蛋糕」（17頁）製作。

② 將奶油乳酪、細砂糖、蜂蜜放入缽盆中，以橡皮刮刀磨壓混合成乳霜狀，依照順序加入A，每次加入時都要以打蛋器攪拌。

③④ 與「紐約乳酪蛋糕」（17頁）的作法相同（以160℃的烤箱烘烤40分鐘左右）。

⑤ 要享用的時候，將頂飾配料用的香蕉切成7～8mm厚的圓片，放入平底鍋中以中火加熱，撒入細砂糖迅速炒一下，放涼之後擺放在④的上面。

＊因為香蕉會變色，所以要享用的時候才製作

---

8. 抹茶大理石乳酪蛋糕

材料 （20.5×16×深3cm的調理盤1片份）

奶油乳酪　150g

細砂糖　50g

原味優格　50g

鮮奶油　100g

蛋　1個

蛋黃　1個份

玉米粉　10g

A｜ 抹茶　2小匙

　｜ 水　1大匙

【餅乾底】

與上方相同

預先準備

· 與「紐約乳酪蛋糕」（17頁）相同。

＊訣竅是以180℃預熱⇒以160℃烘烤

作法

①～③ 與「紐約乳酪蛋糕」（17頁）的作法相同（一直到倒入調理盤之前）。

④ 取另一個缽盆，放入A，以打蛋器攪拌，加入③的¼量製作抹茶麵糊。在①的調理盤之中，依照順序交替倒入③的原味乳酪糊⅓量、正中央倒入抹茶麵糊⅓量（a），然後用長筷較粗的一端描畫大大的8字型（b）。

⑤ 與「紐約乳酪蛋糕」（17頁）的④相同。

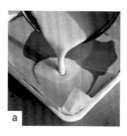
a

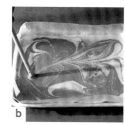
b

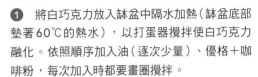

9. 咖啡布朗迪

材料 （20.5×16×深3cm的調理盤1片份）

烘焙用白巧克力 70g
植物油 70g
原味優格 1大匙
即溶咖啡（粉末） 1大匙
蛋 2個
細砂糖 60g
A 低筋麵粉 80g
　泡打粉 ⅓小匙
胡桃 20g

預先準備

· 將蛋恢復至室溫。
· 將白巧克力細細切碎。
· 將優格和咖啡粉混合備用。
· 在調理盤中鋪上烘焙紙。
· 將烤箱預熱至180℃。

作法

① 將白巧克力放入缽盆中隔水加熱（缽盆底部墊著60℃的熱水），以打蛋器攪拌使白巧克力融化。依照順序加入油（逐次少量）、優格＋咖啡粉，每次加入時都要畫圈攪拌。

② 取另一個缽盆，放入蛋和細砂糖，以打蛋器攪拌1分鐘左右。加入①，畫圈攪拌至變得黏稠為止。

③ 將A分成2次過篩加入，以橡皮刮刀從底部翻拌至均勻為止。

④ 倒入調理盤中攤平，放上胡桃（取幾個掰成一半），以180℃的烤箱烘烤20分鐘左右。

胡桃的苦味少，濃醇的味道和香氣令人著迷，也非常適合加進香蕉麵包裡。也可以用核桃或杏仁片替代。

10. 抹茶布朗迪

材料 （20.5×16×深3cm的調理盤1片份）

烘焙用白巧克力 70g
抹茶 1大匙
植物油 70g
蛋 2個
細砂糖 70g
A 低筋麵粉 70g
　泡打粉 ⅓小匙
頂飾配料用白巧克力 15g

預先準備

· 與上方相同（優格和咖啡粉除外）。
· 將烤箱預熱至170℃。

作法

① 將白巧克力放入缽盆中隔水加熱（缽盆底部墊著60℃的熱水），以打蛋器攪拌使白巧克力融化。依照順序加入抹茶、油（逐次少量），每次加入時都要畫圈攪拌。

②③ 與上方相同。

④ 倒入調理盤中攤平，將頂飾配料用的白巧克力大略切碎之後撒在上面，以170℃的烤箱烘烤20分鐘左右。

11.
布朗尼乳酪蛋糕
Brownie cheesecake

一次可以同時享用布朗尼和乳酪蛋糕這2種人氣蛋糕，
感覺有點貪心的糕點。雖然布朗尼麵糊和乳酪麵糊
能夠同時烘烤，但為了避免中途兩者混雜在一起，
將乳酪麵糊放低慢慢倒入 是製作時的重點。

材料 （20.5×16×深3cm的調理盤1片份）

【布朗尼麵糊】

A 低筋麵粉　40g
　　泡打粉　¼小匙

B 可可粉　10g
　　細砂糖　45g

蛋　1個
植物油　40g
原味優格　10g
牛奶　10g

【乳酪麵糊】

奶油乳酪　150g
細砂糖　50g
蛋　1個
牛奶　20g
低筋麵粉　15g

乳酪麵糊要放低慢慢倒入調理盤中，以免與布朗尼麵糊摻雜在一起。乳酪麵糊的氣泡是由下面的布朗尼麵糊冒出來的，所以不要弄破。

預先準備

· 將蛋和奶油乳酪恢復至室溫。
· 在調理盤中鋪上烘焙紙。
· 將烤箱預熱至180℃。

作法

❶　製作布朗尼麵糊。將B放入缽盆中以打蛋器畫圈攪拌，然後依照順序加入蛋、油（逐次少量）、優格、牛奶，每一次加入時都要畫圈攪拌。

❷　將A過篩加入，以打蛋器畫圈攪拌至沒有粉粒之後，改用橡皮刮刀從底部翻拌，然後倒入調理盤中。

❸　製作乳酪麵糊。將已經軟化的奶油乳酪、細砂糖放入缽盆中，以橡皮刮刀磨壓混合成乳霜狀，依照順序加入蛋、牛奶、低筋麵粉（過篩加入），每次加入時都要以打蛋器畫圈攪拌。

❹　將③慢慢地倒入②中，以180℃的烤箱烘烤20分鐘左右。

＊不論是放入冷藏室冰涼，或是不冰涼就直接享用都很美味。要放入冷藏室保存

27

12.
焦糖大理石蛋糕
Caramel marble brownie

將焦糖奶油醬澆淋成大理石紋路之後再烘烤的這個布朗尼，
其實是我最喜歡的蛋糕。
焦糖奶油醬不要烤得太焦，讓味道稍微溫和一點，
可以享受到與微苦布朗尼蛋糕體對比的風味。

材料 （20.5×16×深3cm的調理盤1片份）

A 低筋麵粉　70g
　　泡打粉　½小匙
B 可可粉　20g
　　細砂糖　70g
蛋　1個
植物油　80g
原味優格　30g
牛奶　30g
【焦糖奶油醬】
細砂糖　40g
蜂蜜　10g
鮮奶油　50ml

預先準備

· 將蛋恢復至室溫。
· 在調理盤中鋪上烘焙紙。

作法

❶　製作焦糖奶油醬。將細砂糖和蜂蜜放入小鍋中，以中火加熱，從鍋緣開始變色時，轉動鍋子讓細砂糖和蜂蜜混合在一起，待全部變成深焦糖色之後即可關火。逐次少量地加入鮮奶油（小心噴濺），用打蛋器攪拌，以小火煮約30秒使水分揮發，然後放涼。將烤箱預熱至180℃。

❷　將B放入缽盆中，以打蛋器畫圈攪拌，然後依照順序加入蛋、油（逐次少量）、優格、牛奶，每次加入時都要畫圈攪拌。

❸　將A過篩加入，以打蛋器畫圈攪拌至沒有粉粒之後，改用橡皮刮刀從底部翻拌。

❹　倒入調理盤中攤平，以湯匙舀起 ① 淋在整個麵糊上面，再用長筷描畫大大的8字型做出大理石紋路。以180℃的烤箱烘烤25分鐘左右。

將細砂糖以及蜂蜜放入小鍋之中，以中火加熱，不要攪拌它，一邊搖動鍋子一邊熬煮，等到稍微冒出一點煙，整體變成深焦糖色時就可以關火。

焦糖奶油醬是用湯匙舀起，像畫線一樣淋在整個麵糊上面。如果焦糖奶油醬硬到用湯匙舀起也無法滴落，可以用微波爐加熱5秒左右使其變軟。

將焦糖奶油醬澆淋在整個麵糊上面之後，使用長筷的前端描畫大大的8字型做出大理石紋路。一圈又一圈，在整個麵糊上面描畫8字型。

13.
巧克力可可蛋糕
Chocolate cocoa cake

單純只是可可蛋糕就十分美味了，
如果再於外層淋覆一層巧克力，立刻變身為高級糕點。
在巧克力中拌入少許油是製作的重點，
就能輕鬆做出帶有光澤的巧克力淋醬。

材料　（20.5×16×深3cm的調理盤1片份）

A｜ 低筋麵粉　100g
　｜ 泡打粉　½ 小匙
B｜ 可可粉　20g
　｜ 黍砂糖　100g
　蛋　1個
　植物油　80g
　原味優格　30g
　牛奶　30g
【巧克力淋醬】
　烘焙用巧克力（苦味）　100g
　牛奶　4大匙
　植物油　1小匙

預先準備

- 將蛋恢復至室溫。
- 將巧克力細細切碎。
- 在調理盤中鋪上烘焙紙。
- 將烤箱預熱至180℃。

作法

❶ 將B放入缽盆中，以打蛋器畫圈攪拌，然後依照順序加入蛋、油（逐次少量）、優格、牛奶，每次加入時都要畫圈攪拌。

❷ 將A過篩加入，以打蛋器畫圈攪拌至沒有粉粒之後，改用橡皮刮刀從底部翻拌。

❸ 倒入調理盤中攤平，以180℃的烤箱烘烤25分鐘左右。

❹ 製作巧克力淋醬。將巧克力放入缽盆中隔水加熱（缽盆底部墊著60℃的熱水），以打蛋器攪拌使巧克力融化。依照順序加入煮到快要沸騰的溫熱牛奶（逐次少量）、油，放涼至相當於人的體溫，待③完全冷卻之後澆淋在上面，以刮刀抹開包覆整個蛋糕。再放入冷藏室靜置30分鐘以上。

＊如果巧克力淋醬無法一次覆蓋整個蛋糕，就收集滴落在托盤等裡面的巧克力醬再澆淋一次

將蛋糕擺放在網架上，下方擺放托盤之類的器具，然後將巧克力淋醬澆淋在整個蛋糕上面。收集滴落在托盤上的巧克力醬，再次從上方澆淋在蛋糕上面，以刮刀等器具漂亮地抹開。

14.
白巧克力
覆盆子蛋糕

White chocolate & raspberry cake

加入了白巧克力的蛋糕體充滿牛奶風味，口感輕盈，
覆盆子的酸甜滋味則帶來鮮明獨特的氣息。
將覆盆子裹滿細砂糖可以保持鮮豔的顏色，
麵糊稍微烤過再放上覆盆子可避免其下沉，烤出漂亮的蛋糕。

材料 （20.5×16×深3cm的調理盤1片份）

烘焙用白巧克力　100g
植物油　60g
原味優格　20g
蛋　2個
細砂糖　50g
磨碎的檸檬皮（無蠟的檸檬）
　1個份

A│低筋麵粉　100g
　│泡打粉　1小匙
　│覆盆子（冷凍）　20顆
　│細砂糖　1小匙

預先準備

· 將蛋恢復至室溫。
· 將覆盆子撒上細砂糖，放置15分鐘。
· 將白巧克力細細切碎。
· 在調理盤中鋪上烘焙紙。
· 將烤箱預熱至180℃。

作法

① 將白巧克力放入缽盆中隔水加熱（缽盆底部墊著60℃的熱水），以打蛋器攪拌使白巧克力融化。依照順序加入油（逐次少量）、優格，每次加入時都要畫圈攪拌。

② 取另一個缽盆，放入蛋和細砂糖，以打蛋器攪拌1分鐘左右。加入①，畫圈攪拌直到變得黏稠，再加入檸檬皮攪拌均勻。

③ 將A過篩加入，以橡皮刮刀從底部翻拌至均勻為止。

④ 倒入調理盤中，以180℃的烤箱烘烤10分鐘左右，暫時從烤箱中取出，將覆盆子撒在整個麵糊上面，然後再烘烤20分鐘左右。

將麵糊烘烤10分鐘，把表面烤乾之後，暫時從烤箱中取出，將覆盆子撒在整體上面。要均勻擺放，不要聚集在中央。而緊鄰盤緣處會膨脹，使覆盆子掉下來，所以要避開這些地方。

15.
卡門貝爾葡萄乾蛋糕
Camembert & raisin cake

如果淋上與卡門貝爾乳酪很對味的蜂蜜，還能當做佐葡萄酒的小點。
拌入用白葡萄酒浸漬過的葡萄乾，烤製出絕佳風味。

材料 （20.5×16×深3cm的調理盤1片份）

A｜ 低筋麵粉　120g
　｜ 泡打粉　1小匙
蛋　1個
細砂糖　50g
植物油　60g
原味優格　30g
　｜ 葡萄乾　50g
　｜ 白葡萄酒　50ml
卡門貝爾乳酪　½個（50g）
核桃　20g
裝飾用蜂蜜　適量

預先準備

· 將蛋恢復至室溫。
· 用滾水畫圓澆淋葡萄乾，瀝乾水分之後，
　灑上白葡萄酒，放置10分鐘備用。
· 在調理盤中鋪上烘焙紙。
· 將烤箱預熱至180℃。

作法

❶　將蛋和細砂糖放入缽盆中，以打蛋器攪拌
1分鐘左右。依照順序加入油（逐次少量）、優
格、葡萄乾＋白葡萄酒，每次加入時都要畫圈
攪拌。

❷　將A過篩加入，以橡皮刮刀從底部翻拌至
均勻為止。

❸　倒入調理盤中攤平，用手將卡門貝爾乳酪
剝碎成大塊放在麵糊上面，再將核桃切碎成2～
3等分撒在上面。以180℃的烤箱烘烤20分鐘
左右，要享用的時候淋上蜂蜜。

FRUITS TRAY BAKE

Chapter.2 水果的烤盤甜點

香蕉、檸檬、蘋果、莓果……我嘗試將這些容易取得而且加熱之後也很美味的水果做成烤盤甜點。僅是放在麵糊上面一起烘烤，就會因為與麵糊融合為一而產生特殊的風味。拌入麵糊中也很容易烤熟，水果的水分適當地分布在麵糊中，非常美味。如果再加上糖霜、奶酥或鮮奶油霜，就更能襯托出水果的可愛面貌。

1.
香蕉麵包
Banana bread

香蕉的比例多於麵粉，散發出香蕉濃郁香氣的蛋糕。
加入麵糊之中的香蕉大略壓碎即可，以免麵糊變得水水的，
頂飾配料用的香蕉則是切成薄片，更容易烤熟，而且更香甜。
餘熱散盡之時，以及隔天變得濕潤之後，最是美味。

2.
花生醬香蕉麵包
Peanut butter banana bread

將花生醬和香蕉拌入麵糊之中，也擺放在麵糊上面。
這是充滿了堅果的濃醇和香蕉香氣的蛋糕。雖然是印象中
味道濃重的香蕉麵包，但添加了牛奶，所以口感變得比較輕盈。
將縱切的香蕉就這樣長長地擺上去，烤製出帶來視覺衝擊的成品。

1. 香蕉麵包

材料　（20.5×16×深3cm的調理盤1片份）

A｜ 低筋麵粉　130g
　｜ 泡打粉　1小匙
蛋　1個
黍砂糖　70g
植物油　50g
原味優格　1大匙
香蕉　1又½根（淨重150g）
頂飾配料用的香蕉　½根（淨重50g）

預先準備

・ 將蛋恢復至室溫。
・ 將麵糊用的香蕉以叉子大略壓碎，頂飾配料用
　的香蕉則切成5mm厚的圓片，準備12片份。
・ 在調理盤中鋪上烘焙紙。
・ 將烤箱預熱至180℃。

作法

❶　將蛋和黍砂糖放入缽盆中，以打蛋器攪拌
1分鐘左右。依照順序加入油（逐次少量）、優
格、壓碎的香蕉，每次加入時都要畫圈攪拌。

❷　將A過篩加入，以橡皮刮刀從底部翻拌至均
勻為止。

❸　倒入調理盤中攤平，放上頂飾配料用的香
蕉，排成4×3列，以180℃的烤箱烘烤25分鐘
左右。

＊在放涼之後那段時間會很鬆軟，待隔天變得濕潤也很美味

將低筋麵粉和泡打粉過篩加
入之後，以橡皮刮刀從底部
翻拌，將全體混拌均勻，直
到沒有粉粒為止。

要將頂飾配料用的香蕉切成
5mm厚的圓片，麵糊倒入
調理盤中攤平之後，將香蕉
圓片排成4×3列。香蕉切
成薄片有助於烤熟，甜味也
會變得強烈。

2. 花生醬香蕉麵包

材料 （20.5×16×深3cm的調理盤1片份）

A｜ 低筋麵粉　100g
　｜ 泡打粉　1小匙
蛋　1個
黍砂糖　70g
植物油　30g
花生醬（微糖‧有顆粒）　50g＊
牛奶　50g
香蕉　1根（淨重100g）
頂飾配料用的香蕉　1根（淨重100g）
【花生糊】
花生醬（微糖‧有顆粒）　20g＊
原味優格　1小匙
蜂蜜　1小匙
＊使用「SKIPPY」花生醬

預先準備

· 將蛋恢復至室溫。
· 將麵糊用的香蕉以叉子大略壓碎，頂飾配料
　用的香蕉直接縱切成一半。
· 花生糊的材料以湯匙攪拌備用。
· 在調理盤中鋪上烘焙紙。
· 將烤箱預熱至180℃。

作法

❶ 將蛋和黍砂糖放入缽盆中，以打蛋器攪拌1分鐘左右。依照順序加入油（逐次少量）、花生醬、牛奶、壓碎的香蕉，每次加入時都要畫圈攪拌。

❷ 將A過篩加入，以打蛋器畫圈攪拌至沒有粉粒之後，改用橡皮刮刀從底部翻拌。

❸ 倒入調理盤中攤平，將頂飾配料用的香蕉切面朝上擺放在上面，然後以湯匙舀起花生糊，分布在麵糊表面7～8處。以180℃的烤箱烘烤25分鐘左右。

＊在放涼之後那段時間會很鬆軟，待隔天變得濕潤也很美味

可以為糕點增添堅果香醇味道的「SKIPPY」花生醬。這裡使用的是帶有顆粒的顆粒花生醬。沒有顆粒的花生醬也OK。

將香蕉放在麵糊上面之後，以湯匙舀起花生糊，均勻分布在麵糊表面7～8處。放在香蕉上面也無妨。

3.
檸檬蛋糕
Lemon cake

將磨碎的檸檬皮加進麵糊之中,增添清爽的風味。
使用優格和牛奶製作成質地濕潤、口感輕盈的蛋糕。
淋上檸檬糖霜之後,檸檬感變得更強烈。
將糖霜加上幾滴水,讓它能黏稠地滴落下來。

材料 （20.5×16×深3cm的調理盤1片份）

A│ 低筋麵粉　100g
　│ 泡打粉　1小匙
蛋　1個
細砂糖　60g
植物油　60g
原味優格　30g
牛奶　30g
檸檬汁　1小匙
磨碎的檸檬皮（無蠟的檸檬）
　1個份
【檸檬糖霜】
糖粉　30g
檸檬汁　1小匙

預先準備

・ 將蛋恢復至室溫。
・ 在調理盤中鋪上烘焙紙。
・ 將烤箱預熱至180℃。

作法

❶　將蛋和細砂糖放入缽盆中，以打蛋器攪拌1分鐘左右。依照順序加入油（逐次少量）、優格、牛奶、檸檬汁和檸檬皮，每次加入時都要畫圈攪拌。

❷　將A過篩加入，以打蛋器畫圈攪拌至沒有粉粒之後，改用橡皮刮刀從底部翻拌。

❸　倒入調理盤中攤平，以180℃的烤箱烘烤20分鐘左右。

❹　製作檸檬糖霜。將材料放入較小的缽盆之中，以湯匙攪拌，加入幾滴水，將稠度調成可以黏稠地滴下來的程度。待③完全冷卻後，用湯匙舀取糖霜淋成斜線。

＊要在糖霜之中加入幾滴水的時候，將湯匙泡水之後取出，利用湯匙上殘留的水分滴入糖霜中就可以了
＊淋上糖霜之後一定要放入冷藏室保存

以湯匙攪拌糖粉和檸檬汁之後，將湯匙泡水取出，利用湯匙上殘留的水分滴入，藉此調整稠度，製作黏稠的糖霜。待蛋糕體完全冷卻後，用湯匙舀取糖霜淋成斜線，讓糖霜在常溫中凝固。

4.
蘋果蛋糕
Apple cake

放上新鮮的蘋果之後進行烘烤的簡易食譜。
香脆的核桃賦予蛋糕獨特的風味。
建議蘋果選用帶有酸味且顏色鮮豔的紅玉品種。

5.
蘋果奶酥蛋糕
Apple crumble cake

將蘭姆酒淋入切碎的蘋果和葡萄乾之中混拌，
製作成宛如水果蛋糕一般香氣濃郁的糕點。
也請務必好好品嚐奶酥的酥脆口感。

6.
蘋果派
Apple pie

只需將蘋果和砂糖放入調理盤中攪拌，
再從上方覆蓋派皮，烤成漂亮的金黃色就大功告成。
如果是植物油做成的派皮，即使是派也可以輕鬆愉快地完成。

7.
反烤蘋果蛋糕
Apple upside-down cake

先將焦糖醬汁和蘋果鋪在調理盤的底部再倒入麵糊，
烤好之後反轉過來，就成了反轉蘋果塔式的蛋糕。
將蘋果切成極薄的薄片，就很容易烤熟。

4. 蘋果蛋糕

材料 （20.5×16×深3cm的調理盤1片份）

A｜ 低筋麵粉　120g
　｜ 泡打粉　1小匙
　｜ 肉桂粉　½小匙
蛋　1個
黍砂糖　70g
植物油　50g
原味優格　50g
牛奶　50g
蘋果（紅玉為佳）　1個（200g）
核桃　20g

預先準備

· 將蛋恢復至室溫。
· 將蘋果帶皮切成一半，再切成3mm厚。
· 在調理盤中鋪上烘焙紙。
· 將烤箱預熱至190℃。

作法

1　將蛋和黍砂糖放入缽盆中，以打蛋器攪拌1分鐘左右。依照順序加入油（逐次少量）、優格、牛奶，每次加入時都要畫圈攪拌。

2　將A過篩加入，以打蛋器畫圈攪拌至沒有粉粒之後，改用橡皮刮刀從底部翻拌。

3　倒入調理盤中攤平，將蘋果稍微錯開位置重疊在一起，分2處擺放（參照35頁），然後將核桃切成一半撒在上面。以190℃的烤箱烘烤25分鐘左右。

＊將蘋果放在砧板上切片之後，讓蘋果切片倒向一側，稍微錯開位置，然後以刮板等器具輕輕地移動擺放在蛋糕上面即可

5. 蘋果奶酥蛋糕

材料 （20.5×16×深3cm的調理盤1片份）

A｜ 低筋麵粉　120g
　｜ 泡打粉　1小匙
蛋　1個
黍砂糖　70g
植物油　50g
原味優格　50g
牛奶　40g
　｜ 蘋果（紅玉為佳）　½個（100g）
　｜ 葡萄乾　30g
　｜ 蘭姆酒　1大匙
【奶酥】
B｜ 低筋麵粉　55g
　｜ 黍砂糖　20g
　｜ 肉桂粉　½小匙
植物油　20g

預先準備

· 將蘋果削皮之後切成5mm的小丁，與葡萄乾一起灑上蘭姆酒，放置10分鐘以上。
· 除了蘋果的切法之外，其他與上方相同。

作法

1　製作奶酥。將B過篩放入缽盆中，加入油之後以橡皮刮刀攪拌，待變得濕潤之後用指尖搓散成乾鬆的顆粒狀（a）。

2　麵糊的作法與上方相同（將A過篩加入，攪拌至還殘留少許粉粒之後，加入蘋果＋葡萄乾＋蘭姆酒一起攪拌）。倒入調理盤之中攤平，將①撒在整個麵糊的上面，以190℃的烤箱烘烤30分鐘左右。

a

6. 蘋果派

材料 （20.5×16×深3cm的調理盤1片份）

【派皮】

A | 低筋麵粉　100g
　　黍砂糖　2小匙
　　鹽　¼小匙
　　泡打粉　¼小匙
B | 植物油　35g
　　水　20g

【餡料】

C | 蘋果（紅玉為佳）　2個（400g）
　　細砂糖　50g
　　檸檬汁　2小匙
　　低筋麵粉　1又½小匙
　　肉桂粉　少許
細椰絲　1大匙

預先準備

· 將蘋果帶皮切成1cm厚的一口大小。
· 將烤箱預熱至200℃。

作法

① 派皮的作法請參照「南瓜派」（59頁）的③製作。麵團集中成一團之後放在烘焙紙上，蓋上保鮮膜，以擀麵棍擀成22×20cm的大小。

② 製作餡料。將C（麵粉和肉桂粉過篩放入）放入調理盤攪拌，然後撒上細椰絲（請注意，放置一段時間之後會釋出水分）。

③ 將①連同保鮮膜蓋上調理盤（a，烘焙紙除外），把派皮黏在調理盤的邊緣，取下保鮮膜之後，以叉子按壓邊緣1圈做出花紋，再用刀子在中央位置切入6道切痕。在表面塗上蛋液、撒上細砂糖1大匙（皆為分量外），然後以200℃的烤箱烘烤30分鐘左右。

7. 反烤蘋果蛋糕

材料 （20.5×16×深3cm的調理盤1片份）

A | 低筋麵粉　100g
　　泡打粉　1小匙
　　肉桂粉　½小匙
蛋　1個
細砂糖　60g
植物油　60g
原味優格　60g
蘭姆酒　1小匙

【焦糖醬汁】

B | 細砂糖　60g
　　水　20g
蘋果（紅玉為佳）　1個（200g）
C | 細砂糖　2小匙
　　植物油　1大匙

預先準備

· 將蛋恢復至室溫。
· 將蘋果削皮之後連同果芯橫切成3mm厚。
· 將烤箱預熱至180℃。

作法

① 製作焦糖醬汁。將B放入小鍋中，以中火加熱，待全體變成深焦糖色之後關火。均勻地倒入調理盤中，凝固之後將蘋果切片毫無間隙地重疊排列在調理盤中（a），依照順序撒上C。

② 麵糊參照左頁的「蘋果蛋糕」製作（牛奶⇒蘭姆酒）。倒入①之中，以180℃的烤箱烘烤30分鐘。放涼大約20分鐘直到可以碰觸調理盤，用刀子插入邊緣劃1圈，再蓋上盤子將蛋糕倒扣出來。＊請注意，放涼太久會變得無法倒扣出來

8.
維多利亞海綿蛋糕2種
Victoria sandwich cake

將英國的傳統糕點——以果醬為夾餡的奶油蛋糕
變化為以植物油製作的新式蛋糕體。
製作的訣竅是在烤盤中加入1杯滾水，稍微蒸烤一下。
夾入覆盆子果醬或檸檬凝乳之後享用。

覆盆子果醬
Raspberry jam

檸檬凝乳
Lemon curd

A｜ 低筋麵粉　150g
　｜ 泡打粉　1又⅓小匙
　 蛋　3個
　 細砂糖　100g
　 植物油　80g
　 原味優格　40g
　 牛奶　40g
　【覆盆子果醬】
　｜ 覆盆子（冷凍）　80g
　｜ 細砂糖　40g
　｜ 檸檬汁　1小匙
　 裝飾用的糖粉　適量

預先準備

・ 將蛋恢復至室溫。
・ 在調理盤中鋪上烘焙紙。
・ 將烤箱預熱至180℃。

作法

❶ 將蛋和細砂糖放入缽盆中，以打蛋器攪拌1分鐘左右。依照順序加入油（逐次少量）、優格、牛奶，每次加入時都要畫圈攪拌。

❷ 將A過篩加入，以打蛋器畫圈攪拌至沒有粉粒之後，改用橡皮刮刀從底部翻拌。倒入調理盤中（a）攤平，放入烤箱中，在烤盤倒入1杯滾水（小心燙傷），以180℃烘烤30分鐘左右。

❸ 製作覆盆子果醬。將材料放入具有深度的耐熱缽盆中，放置30分鐘。不包覆保鮮膜，以微波爐加熱2分鐘之後攪拌，再加熱2分鐘（小心沸騰噴濺・b），然後放涼。

❹ 待❷完全變涼之後，從側面橫切成一半的厚度，塗上❸當夾餡，再以小濾網將糖粉篩撒在表面。

檸檬凝乳

材料 （左邊的蛋糕1片份）

A｜ 蛋　1個
　 細砂糖　50g
　 檸檬汁　約1個份（40g）
　 水　2小匙
　 磨碎的檸檬皮（無蠟的檸檬）
　　 1個份
　｜ 玉米粉　½大匙
　 原味優格　100g＊

＊放在鋪有廚房紙巾的網篩中，
瀝乾水分1小時，準備50g的分量

作法

❶ 依照順序將A（將玉米粉過篩加入）放入耐熱缽盆中，每次放入時都要以打蛋器攪拌均勻。不包覆保鮮膜，以微波爐加熱1分鐘之後用打蛋器攪拌，再加熱40秒之後（直到表面膨脹起來為止・a）攪拌，然後以網篩過濾。放涼之後加入優格攪拌均勻。

＊以同左邊作法烤好的蛋糕（在牛奶之後加入磨碎的檸檬皮1個份）夾入檸檬凝乳

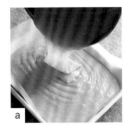
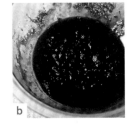

9.
藍莓椰子蛋糕
Blueberry & coconut cake

用鮮奶油霜和莓果來裝飾加了椰奶和椰絲的美味蛋糕，
是我很喜歡的食譜。
椰子出乎意料地百搭任何食材，
所以也可以搭配香蕉或草莓、焦糖奶油醬或巧克力醬汁。

A｜ 低筋麵粉　100g
　　泡打粉　1小匙
　　蛋　2個
　　黍砂糖　100g
　　植物油　50g
　　椰奶　100g
　　細椰絲　50g
【鮮奶油霜】
B｜ 鮮奶油　150ml
　　細砂糖　2小匙
　　藍莓（冷凍品也OK）　15顆
　　以刨絲刀削下的檸檬皮
　　（無蠟的檸檬）　適量

預先準備

· 將蛋恢復至室溫。
· 在調理盤中鋪上烘焙紙。
· 將烤箱預熱至180℃。

作法

1　將蛋和黍砂糖放入缽盆中，以打蛋器攪拌1分鐘左右。依照順序加入油（逐次少量）、椰奶，每次加入時都要畫圈攪拌。

2　將**A**過篩加入，以打蛋器畫圈攪拌至還有少許粉粒殘留時，加入細椰絲，改用橡皮刮刀從底部翻拌。

3　倒入調理盤中攤平，以180℃的烤箱烘烤30分鐘左右。

4　將鮮奶油霜的材料**B**放入缽盆中，打發起泡至尖角挺立（九分發）。待③完全放涼之後，以湯匙將鮮奶油霜塗抹於表面，然後撒上藍莓和檸檬皮。

削下椰子種子的胚乳，熬煮之後榨出的椰奶。製作馬芬等糕點時，將材料中的牛奶一半分量替換成椰奶，可以烤製出味道醇厚、質地濕潤的成品。

將椰子的果肉細細削碎，乾燥而成的細椰絲。也非常適合加入餅乾、穀麥或南瓜糕點中。（富）⇒購買處請參照88頁

10.
紅茶莓果
戚風蛋糕
Tea & berries chiffon cake

連同茶葉一起加入，飄散著伯爵紅茶香氣，
蓬鬆柔軟的戚風蛋糕。撒上糖粉之後
再放上莓果，避免讓莓果沉入蛋糕中。

材料 （20.5×16×深3cm的調理盤1片份）

A | 低筋麵粉　60g
　 | 泡打粉　½小匙

B | 蛋黃　2個份
　 | 細砂糖　40g
　 | 植物油　20g
　 紅茶的茶葉（茶包・伯爵紅茶）
　　 2包（4g）
　 水　50ml

C | 蛋白　2個份
　 | 細砂糖　20g
　 糖粉　2大匙
　 覆盆子、藍莓（冷凍品也OK）
　　 合計50g

預先準備

・ 紅茶液的製作請參照右頁的預先準備。
・ 在調理盤中鋪上烘焙紙。
・ 將烤箱預熱至180℃。

作法

❶　將B和紅茶液（連同茶葉）放入缽盆中，以
打蛋器畫圈攪拌。

❷　將C放入另一個缽盆中，以手持式電動攪
拌器高速打發起泡，製作尖角挺立的蛋白霜（參
照61頁）。

❸　將半量的A過篩加入①之中，以打蛋器畫
圈攪拌，然後加入半量②的蛋白霜，以打蛋器
迅速地翻拌。依序加入剩餘的A（過篩加入）、
剩餘的蛋白霜，每次加入時都要以橡皮刮刀從
底部翻拌。

❹　倒入調理盤中攤平，以小濾網將糖粉篩撒
在整體表面，放上莓果類（如果是冷凍品，不
需解凍），以180℃的烤箱烘烤30分鐘左右。
烤好之後立刻將調理盤從10cm的高度摔落在工
作檯上，排除蛋糕中的空氣。

材料 （20.5×16×深3cm的調理盤1片份）

A｜ 低筋麵粉　100g
　　泡打粉　1小匙
蛋　1個
細砂糖　80g
植物油　70g
原味優格　30g
磨碎的檸檬皮（無蠟的檸檬）
　　½個份
　　紅茶的茶葉（茶包・伯爵紅茶）
　　　2包（4g）
　　水　50ml
【糖漬檸檬】
參照21頁

預先準備

・ 將蛋恢復至室溫。
・ 將紅茶的茶葉（從茶包中取出）以及水放入耐熱容器中，不包覆保鮮膜，以微波爐加熱50秒，覆蓋保鮮膜燜5分鐘，然後放涼。
・ 在調理盤中鋪上烘焙紙。
・ 將烤箱預熱至180℃。

作法

❶　將蛋和細砂糖放入缽盆中，以打蛋器攪拌1分鐘左右。依照順序加入油（逐次少量）、優格、檸檬皮，每次加入時都要畫圈攪拌，然後將紅茶液（連同茶葉）也加進去一起攪拌。

❷　將A過篩加入，以打蛋器畫圈攪拌至沒有粉粒之後，改用橡皮刮刀從底部翻拌。

❸　倒入調理盤中攤平，以180℃的烤箱烘烤20分鐘左右。烤好之後，趁熱將糖漬檸檬放在上面，排成4×3列。

11.
紅茶檸檬蛋糕
Tea & lemon cake

以紅茶蛋糕體和糖漬檸檬
製作出檸檬紅茶風味的蛋糕。
在蛋糕剛出爐時放上檸檬片，
讓酸甜滋味滲入其中。

12.
黃桃烤布樂
Yellow peach cobbler

以加入黃桃的黏稠餡料製作的美國常溫糕點。
將烤布樂麵糊壓薄一點去烘烤,可以做出酥脆的口感。

材料 (20.5×16×深3cm的調理盤1片份)

A | 低筋麵粉　60g
　　泰砂糖　20g
　　鹽　1撮
　　泡打粉　½小匙

B | 原味優格　15g
　　牛奶　15g
　　植物油　15g

【餡料】
黃桃(罐頭・切半)　4切片

C | 黃桃罐頭的糖漿　120g
　　泰砂糖　20g
　　檸檬汁　2小匙
　　玉米粉　1大匙

預先準備

・黃桃切成一口大小。

作法

❶　製作餡料。依照順序將C(玉米粉過篩加入)放入耐熱的缽盆中,以打蛋器攪拌,加入黃桃之後改用橡皮刮刀攪拌。不包覆保鮮膜,以微波爐加熱1分鐘之後攪拌一下,再加熱40秒之後倒入調理盤中,靜置放涼。將烤箱預熱至200℃。

❷　將B放入缽盆中,以打蛋器攪拌至變得黏稠,然後將A過篩加入,以刮板切拌。切拌至沒有粉粒後,以刮板切成一半,重疊在一起,反覆進行3～4次,最後集中成一團。

❸　用湯匙挖取②,分布在①的表面10處,輕輕壓扁(a),以200℃的烤箱烘烤約25分鐘。用湯匙舀起來享用。

＊剛出爐時非常好吃

a

VEGETABLE TRAY BAKE

Chapter.3 蔬菜的烤盤甜點

只要壓碎材料，非常簡單就能發揮蔬菜原有的風味，製作出健康的烤盤甜點。
口感常常會變得有點沉重的南瓜和地瓜，可以減少麵粉的分量，或是加入蛋白
霜，讓成品入口即化。胡蘿蔔與杏仁粉結合，會展現出醇厚的風味，而薑加上
黑糖和蜂蜜之後味道會變得很有深度。多加一點砂糖就可以緩和蔬菜的腥味。

1.
胡蘿蔔蛋糕
Carrot cake

與放了大量堅果或果乾的蛋糕類型不同，
這是僅以杏仁粉增添濃醇風味、質地細緻的蛋糕。
即使加入核桃和葡萄乾，美味度也毋庸置疑。
在糖霜當中拌入了優格，所以口感變得輕盈。

2.
南瓜蛋糕
Pumpkin cake

南瓜壓碎成泥狀之後,先放入砂糖攪拌均勻,
再將其餘的材料加進去,就可以做出滑順的麵糊。
在南瓜鮮豔的黃色上面撒上南瓜籽,成為視覺的焦點。
建議也可以拌入切碎的迷迭香一起烘烤。

1. 胡蘿蔔蛋糕

材料 （20.5×16×深3cm的調理盤1片份）

A│ 低筋麵粉　100g
　│ 泡打粉　1又 ½ 小匙
　│ 肉桂粉　½ 小匙
蛋　2個
黍砂糖　90g
植物油　80g
胡蘿蔔　1根（淨重150g）
杏仁粉　50g
【糖霜】
奶油乳酪　100g
糖粉　20g
原味優格　30g

將蛋和黍砂糖放入缽盆中攪拌，逐次少量地加入油後，加入磨碎的胡蘿蔔，以打蛋器畫圈攪拌。藉由胡蘿蔔的水分，烤出濕潤的蛋糕體。

預先準備

· 將蛋和奶油乳酪恢復至室溫。
· 將胡蘿蔔削皮之後磨碎。
· 在調理盤中鋪上烘焙紙。
· 將烤箱預熱至180℃。

塗抹在蛋糕上面的糖霜，是將優格加入奶油乳酪和糖粉之中，以打蛋器攪拌到滑順。加入優格可以使味道變得更輕盈。

作法

❶ 將蛋和黍砂糖放入缽盆中，以打蛋器攪拌1分鐘左右。依照順序加入油（逐次少量）、胡蘿蔔、杏仁粉，每次加入時都要畫圈攪拌。

❷ 將A過篩加入，以橡皮刮刀從底部翻拌至均勻為止。

❸ 倒入調理盤中，以180℃的烤箱烘烤30分鐘左右。

❹ 製作糖霜。將已經軟化的奶油乳酪、糖粉放入缽盆中，以打蛋器磨壓混合成乳霜狀，加入優格之後攪拌到滑順。待③完全放涼之後，以湯匙在表面塗滿糖霜。

2. 南瓜蛋糕

材料 （20.5×16×深3cm的調理盤1片份）

A｜ 低筋麵粉　100g
　｜ 泡打粉　1小匙
　｜ 肉桂粉　½小匙
　南瓜　約⅛個（200g）
　黍砂糖　100g
　植物油　50g
　原味優格　1大匙
　蛋　1個
　南瓜籽　18粒

南瓜籽是口感不錯、顏色翠綠可愛的堅果。加進穀麥棒（73頁）等餅乾中也會很好吃。

預先準備

· 將蛋恢復至室溫。
· 在調理盤中鋪上烘焙紙。

作法

❶ 將南瓜去除籽和瓜瓤，切成3～4cm大小的方塊之後過一下水，然後擺放在耐熱盤上，包覆保鮮膜，以微波爐加熱3～4分鐘。去皮之後，趁熱用湯匙細細壓碎成泥，準備100g的分量。將烤箱預熱至180℃。

❷ 將①放入缽盆中，依照順序加入黍砂糖、油、優格、蛋，每次加入時都要以打蛋器畫圈攪拌。將A過篩加入，以橡皮刮刀從底部翻拌至均勻為止。

❸ 倒入調理盤中攤平後，再撒上南瓜籽，以180℃的烤箱烘烤25分鐘左右。

南瓜擺放在耐熱盤上，包覆保鮮膜，以微波爐加熱3～4分鐘，去皮之後，趁熱用湯匙細細壓碎成泥。也可以多做一點南瓜泥，冷凍起來備用。

3.
南瓜派
Pumpkin pie

製作重點在於將香料和蘭姆酒的微微香氣
拌入原封不動鎖住南瓜美味的餡料裡。
如果是植物油製作的派皮，就可以烤出輕盈的成品。
藉由切開麵團之後再重疊的方式增加層次，做出酥脆的口感。

鐘。去皮之後，趁熱用湯匙細細壓碎成泥，準備300g的分量。將烤箱預熱至200℃。

❷ 依照順序將餡料的材料加入鉢盆中，每次加入時都要以打蛋器攪拌均勻，最後放涼。

❸ 製作派皮。將**B**放入鉢盆中，以打蛋器攪拌至變得黏稠，然後將**A**過篩加入，用刮板將周圍的粉類撥至中央覆蓋，混拌到約有一半均勻時，改用切拌的方式混合。沒有粉粒之後，以刮板將麵團切成一半，重疊在一起，反覆進行3～4次。

❹ 集中成一團之後放在烘焙紙上，蓋上保鮮膜，以擀麵棍擀成25×22cm的大小，連同保鮮膜鋪放在調理盤裡（烘焙紙除外）。把派皮貼合在調理盤上，取下保鮮膜之後，以叉子按壓邊緣1圈做出花紋，再用叉子在整體的底部戳洞。

❺ 將②倒進去，以橡皮刮刀抹出凹凸不平的紋路，在邊緣塗抹蛋液，然後以200℃的烤箱烘烤30分鐘左右。可依個人喜好添加打發的鮮奶油霜。

材料 （20.5×16×深3cm的調理盤1片份）

【塔皮】

A|低筋麵粉　120g
黍砂糖　10g
鹽　¼小匙
泡打粉　¼小匙

B|植物油　40g
水　25g

【餡料】

南瓜　約⅓個（600g）
黍砂糖　80g
蛋　1個
小豆蔻（或肉桂）粉　1小匙
牛奶　2大匙
植物油　2小匙
玉米粉　2小匙
蘭姆酒　2小匙

增加光澤的蛋液、鮮奶油　各適量

預先準備

・將蛋恢復至室溫。
・將玉米粉和蘭姆酒混合在一起備用。

將粉類過篩再加入油和水之中，用刮板將周圍的粉類撥至中央覆蓋，混拌到約有一半均勻時，改用迅速切開的方式混拌。

將麵團放在烘焙紙上以免沾黏工作檯，蓋上保鮮膜，以擀麵棍擀平之後連同保鮮膜放在調理盤上，用手指從上方按壓，鋪進邊角裡面。

將超出盤緣的麵皮集中黏在調理盤的邊緣，以叉子按壓邊緣1圈做出花紋。

作法

❶ 製作餡料。將南瓜去除籽以及瓜瓤，切成4～5cm大小的方塊之後過一下水，然後擺放在耐熱盤上，包覆保鮮膜，以微波爐加熱8分

4.
地瓜蛋糕
Sweet potato cake

以地瓜舒芙蕾為構想製作而成的蛋糕。
在壓碎成泥的地瓜中加入蜂蜜，做出濕潤的質地，
再拌入1個蛋分量的蛋白霜，做出蓬鬆輕盈的口感。
最後潤飾用的蜂蜜，改用楓糖漿替代也很美味。

材料 （20.5×16×深3cm的調理盤1片份）

A│ 低筋麵粉　80g
　　泡打粉　½小匙
　　肉桂粉　½小匙

地瓜　1條（200g）

細砂糖　30g

蜂蜜　20g

牛奶　30g

蛋　1個

蛋黃　1個份

植物油　30g

B│ 蛋白　1個份
　　細砂糖　20g

最後潤飾用的蜂蜜、肉桂粉　各適量

預先準備

· 在調理盤中鋪上烘焙紙。

作法

❶　用刀子在帶皮地瓜上切入5～6道切痕，過個水，包覆保鮮膜，以微波爐加熱5分鐘。地瓜去皮之後，趁熱用湯匙細細壓碎成泥，準備160g的分量。將烤箱預熱至180℃。

❷　將①、細砂糖、蜂蜜放入缽盆中，以橡皮刮刀攪拌均勻，再依照順序加入牛奶、蛋、蛋黃、油，每次加入時都要以打蛋器畫圈攪拌。

❸　將B放入另一個缽盆中，以手持式電動攪拌器高速打發起泡，製作尖角挺立的蛋白霜。依照順序在②當中加入半量的蛋白霜、半量的A（過篩加入）、剩餘的蛋白霜、剩餘的A（過篩加入），每次加入時都要以橡皮刮刀從底部翻拌。

❹　倒入調理盤中攤平，以180℃的烤箱烘烤25分鐘左右。要享用的時候淋上蜂蜜、撒上肉桂粉。

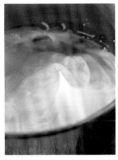
將細砂糖加入蛋白之中，以手持式電動攪拌器高速打發起泡，製作尖角挺立的蛋白霜。建議使用較小的缽盆來製作，可以比較快速地打發起泡。

先將半量蛋白霜加入地瓜泥的缽盆中，以橡皮刮刀從底部翻拌。重點在於必須迅速地翻拌，以免壓破蛋白霜的氣泡。

接著將半量的粉類過篩後加入，以橡皮刮刀從底部迅速地翻拌。依照順序加入剩餘的蛋白霜、剩餘的粉類，每次加入時都要以相同的方式翻拌。

5.
薑餅麵包
Gingerbread

在麵包和糖霜中都添加了薑的辣味。
還加入了黑糖、蜂蜜和全麥粉的香氣,製作出具有深度的味道。

材料 (20.5×16×深3cm的調理盤1片份)

A | 低筋麵粉 110g
  | 全麥粉 50g
  | 泡打粉 1小匙
  | 肉桂粉 ½小匙

B | 原味優格 80g
  | 牛奶 80g
  | 黑砂糖(粉末) 50g
  | 植物油 30g
  | 蜂蜜 20g
  | 薑的榨汁 2小匙

【薑汁糖霜】
糖粉 30g
薑的榨汁 1小匙

預先準備

· 在調理盤中鋪上烘焙紙。
· 將烤箱預熱至180℃。

作法

❶ 將B放入缽盆中,以打蛋器攪拌至變得黏稠。將A過篩加入,以打蛋器畫圈攪拌至沒有粉粒之後,改用橡皮刮刀從底部翻拌。

❷ 倒入調理盤中攤平,以180℃的烤箱烘烤25分鐘左右。

❸ 製作薑汁糖霜。將材料放入較小的缽盆之中,以湯匙攪拌,加入幾滴水,將稠度調成可以黏稠地滴下來的程度。待②完全放涼之後,以湯匙斜斜地淋在上面。

全麥粉是將小麥連同麩皮、胚芽一起碾磨而成,能夠為糕點增添質樸的風味。不論是使用低筋全麥麵粉或高筋全麥麵粉都OK。「烘焙用全麥粉」(富)⇒購買處請參照88頁

NUTS & DRIED FRUITS TRAY BAKE

Chapter.4 堅果和果乾的烤盤甜點

可以充分享受到堅果口感、果乾酸甜滋味的蛋糕齊聚一堂。先將果乾浸漬在優格中再加入麵糊裡，果乾就會變得柔軟，並轉移風味至優格中，水果的美味因而遍布在整個蛋糕裡。本章有許多食譜都在麵糊裡加了杏仁粉，製作出香醇的味道。

1.
咖啡核桃蛋糕
Coffee & walnut cake

在拌入即溶咖啡的微苦蛋糕體上面
擺放大量摩卡鮮奶油霜，滿滿咖啡風味的蛋糕。
鮮奶油霜不需要擠花，用湯匙一球一球舀在上面即可。
將核桃也拌入麵糊中，增添香氣和口感。

2.
杏仁蛋糕
Almond cake

在蛋白當中加入了大量的杏仁粉，
製作出白色蛋糕體賞心悅目的費南雪風味蛋糕。
吃起來飽滿鬆軟，口感輕盈。

3.
紅酒洋李蛋糕
Prune & red wine cake

在沒有使用蛋、稍具重量感的蛋糕體裡面
添加了洋李果泥，製作出具有深度的味道。
盡量將擺放在上面的洋李分布均勻，讓汁液滲入蛋糕體中。

1. 咖啡核桃蛋糕

材料 （20.5×16×深3cm的調理盤1片份）

A｜ 低筋麵粉　120g
　｜ 泡打粉　1小匙
　 蛋　2個
　 黍砂糖　90g
　 植物油　80g
　 原味優格　80g
　｜ 即溶咖啡（粉末）　2小匙
　｜ 水　1小匙
　 杏仁粉　20g
　 核桃　20g
　【摩卡鮮奶油霜】
　｜ 鮮奶油　200ml
　｜ 黍砂糖　20g
　｜ 即溶咖啡（粉末）　2小匙
　 頂飾配料用的核桃　適量

預先準備

・ 將蛋恢復至室溫。
・ 將核桃放入平底鍋中以小火乾炒，
　 然後大略切碎。
・ 將咖啡粉和水混合備用。
・ 在調理盤中鋪上烘焙紙。
・ 將烤箱預熱至180℃。

作法

❶　將蛋和黍砂糖放入缽盆中，以打蛋器攪拌1分鐘左右。依照順序加入油（逐次少量）、優格、咖啡＋水、杏仁粉，每次加入時都要畫圈攪拌。

❷　將A過篩加入，以打蛋器畫圈攪拌至有少許粉粒殘留時加入核桃，改用橡皮刮刀從底部翻拌。

❸　倒入調理盤中攤平，以180℃的烤箱烘烤25分鐘左右。

❹　將摩卡鮮奶油霜的材料放入缽盆中，打發起泡至稍微立起尖角（八～九分發）。待❸完全放涼之後，用大湯匙舀放在表面，排成4×4列，要享用的時候再撒上頂飾配料用的核桃。

＊因為希望展現核桃的硬脆感，所以要享用時再撒上去

將粉類加入咖啡糊中，以打蛋器畫圈攪拌之後，在還有少許粉粒殘留時加入核桃。改用橡皮刮刀，從底部翻拌至全體變得均勻。

2. 杏仁蛋糕

材料 （20.5×16×深3cm的調理盤1片份）

A｜ 低筋麵粉　50g
　　泡打粉　½小匙

B｜ 蛋白　3個份
　　細砂糖　80g
　　蜂蜜　20g
　植物油　50g
　原味優格　20g
　杏仁粉　50g
　杏仁（整顆）　30g

預先準備

· 將蛋白恢復至室溫。
· 將杏仁切成2～3等分。
· 在調理盤中鋪上烘焙紙。
· 將烤箱預熱至180℃。

作法

❶　將B放入缽盆中，以打蛋器攪拌1分鐘左右。依照順序加入油（逐次少量）、優格、杏仁粉，每次加入時都要畫圈攪拌。

❷　將A過篩加入，以打蛋器畫圈攪拌至沒有粉粒之後，改用橡皮刮刀從底部翻拌。

❸　倒入調理盤中攤平，撒上杏仁，以180℃的烤箱烘烤20分鐘左右。

3. 紅酒洋李蛋糕

材料 （20.5×16×深3cm的調理盤1片份）

A｜ 低筋麵粉　100g
　　全麥粉　50g
　　泡打粉　1小匙

B｜ 黍砂糖　40g
　　植物油　20g
　　水　20g
　【紅酒煮洋李】
　洋李乾（去籽）　100g
　紅酒　200g
　蜂蜜　30g
　肉桂粉　⅓小匙

預先準備

· 在調理盤中鋪上烘焙紙。

作法

❶　製作紅酒煮洋李。將材料放入鍋中，以中火加熱，熬煮5分鐘直到煮汁剩下一半的分量。完全放涼之後先取出7～8個洋李乾，將剩餘的紅酒煮洋李（170g）放入食物調理機中攪打成糊狀（a）。將烤箱預熱至180℃。

❷　將B放入缽盆中，以打蛋器攪拌均勻，加入①的洋李糊之後繼續攪拌均勻。將A過篩加入，以打蛋器畫圈攪拌至沒有粉粒之後，改用橡皮刮刀從底部翻拌。

❸　倒入調理盤之中攤平，將先前取出的紅酒煮洋李分布在整個麵糊上面，以180℃的烤箱烘烤25分鐘左右。

a

4.
無花果焦糖蛋糕
Dried fig & caramel cake

將焦糖奶油醬拌入麵糊中，也澆淋在完成的蛋糕上面，
讓微苦的焦糖味瀰漫在口中的蛋糕。
無花果乾先浸泡在優格中，軟化之後再加入麵糊裡。
改用葡萄乾或杏桃乾也可以做出美味的蛋糕。

材料 （20.5×16×深3cm的調理盤1片份）

A｜低筋麵粉　100g
　　泡打粉　1小匙
　　肉桂粉　¼小匙
蛋　2個
黍砂糖　60g
植物油　70g
　　無花果乾　70g
　　原味優格　40g
杏仁粉　20g
【焦糖奶油醬】
細砂糖　40g
蜂蜜　10g
鮮奶油　50ml

預先準備

· 將蛋恢復至室溫。
· 將無花果乾切成1.5cm的小丁，
　放入優格中靜置10分鐘。
· 在調理盤中鋪上烘焙紙。

作法

❶　製作焦糖奶油醬。將細砂糖和蜂蜜放入小鍋中，以中火加熱，從鍋緣開始變色時，轉動鍋子使兩者混合，待全體變成深焦糖色時關火。逐次少量地加入鮮奶油（小心噴濺），用打蛋器攪拌，以小火煮約30秒使水分揮發，然後放涼。將烤箱預熱至180℃。

❷　將蛋和黍砂糖放入缽盆中，以打蛋器攪拌1分鐘左右。依照順序加入油（逐次少量）、50g的①、無花果乾＋優格、杏仁粉，每次加入時都要畫圈攪拌。

❸　將A過篩加入，以橡皮刮刀從底部翻拌至均勻為止。

❹　倒入調理盤中攤平，以180℃的烤箱烘烤25分鐘左右。要享用的時候淋上剩餘的①。

無花果乾浸漬在優格中10分鐘就會變得柔軟，而無花果的風味則會轉移到優格當中，隨後遍布於整個麵糊。「土耳其產大粒無花果乾」（富）⇒購買處請參照88頁

將細砂糖以及蜂蜜放入小鍋之中，以中火加熱，不要攪拌它，一邊搖動鍋子一邊熬煮，待整體變成深焦糖色時關火。也可以將稍微冒煙時當做關火的時間點。

將鮮奶油逐次少量地加入液化的焦糖中攪拌，以小火煮約30秒使水分揮發。放涼之後就會變成黏稠的焦糖奶油醬。

5.
蔓越莓開心果蛋糕
Dried cranberry & pistachio cake

切面露出蔓越莓的紅色、開心果的綠色,色彩鮮豔。
棉花糖經過烘烤之後的酥脆口感也帶來新奇的感受。

材料 (20.5×16×深3cm的調理盤1片份)

A 低筋麵粉 120g
  泡打粉 1小匙
蛋 2個
細砂糖 80g
植物油 80g
  原味優格 80g
  蔓越莓乾 40g
磨碎的檸檬皮(無蠟的檸檬)
  ½個份
杏仁粉 20g
開心果 20g
迷你棉花糖 15g

預先準備

· 將蛋恢復至室溫。
· 用滾水畫圓澆淋蔓越莓乾,瀝乾水分之後,
  放入優格中靜置10分鐘(a)。
· 將開心果大略切碎。

· 在調理盤中鋪上烘焙紙。
· 將烤箱預熱至180℃。

作法

❶ 將蛋和細砂糖放入缽盆中,以打蛋器攪拌1
分鐘左右。依照順序加入油(逐次少量)、優格
＋蔓越莓、檸檬皮、杏仁粉,每次加入時都要
畫圈攪拌。

❷ 將A過篩加入,以打蛋器畫圈攪拌至沒有
粉粒之後,改用橡皮刮刀從底部翻拌。

❸ 倒入調理盤中攤平,將開心果和棉花糖撒
在整個麵糊上面,以180℃的烤箱烘烤25分鐘
左右。

＊剛出爐的蛋糕美味無比

a

COOKIE &
TART
TRAY
BAKE

Chapter.5 餅乾和塔的烤盤甜點

如果是使用調理盤取代烤模的烤盤甜點，不論餅乾或塔都可以簡單製作出來。只需要將揉好的麵團放入調理盤中，用手壓平之後放進烤箱烘烤就行了。與需要用擀麵棍擀平或加入奶油的麵團不一樣，不用擔心做得很累而且處理起來很輕鬆也是它的一大魅力。餅乾和塔的麵團配方其實大致上相同。連豪華的塔也是一時興起就可以立刻動手嘗試。

1.
核桃餅乾
Walnut cookie

嘴裡滿滿都是乾炒過的核桃硬脆的口感
以及酥酥脆脆的餅乾。
也可以加入1小匙即溶咖啡。

2.
巧克力豆餅乾
Chocolate chip cookie

使用的是即使烘烤也不會變形融化的巧克力豆。
因為巧克力有甜度，要稍微減少砂糖的分量。
使用切碎的苦味巧克力片製作也很美味。

3.
燕麥餅乾
Oatmeal cookie

以燕麥片和葡萄乾混拌而成的
基本款美式餅乾。
製作重點是利用優格使麵團融為一體。

4.
穀麥棒
Granola bar

以杏仁和椰子為燕麥片的
酥脆口感增添香醇的味道。

1. 核桃餅乾

材料 （20.5×16×深3cm的調理盤1片份）

A | 低筋麵粉　80g
　 | 黍砂糖　25g
　 | 鹽　1撮
　 | 泡打粉　1撮
B | 植物油　30g
　 | 牛奶　15g
　 核桃　30g

預先準備

· 將核桃放入平底鍋中，以小火乾炒之後，
　大略切碎。
· 在調理盤中鋪上烘焙紙。
· 將烤箱預熱至180℃。

作法

❶ 將B放入缽盆中，以打蛋器攪拌至變得黏稠（a），將A過篩加入，以刮板切拌（b）。切拌至約有一半均勻時加入核桃，以刮板在缽盆中按壓，使麵團變得光滑。

❷ 按壓至沒有粉粒之後，以刮板將麵團切成一半，重疊在一起，反覆進行3～4次（c）。

❸ 集中成一團之後，掐成10個小麵團放入調理盤中，用手按壓（d），把小麵團壓平，然後以180℃的烤箱烘烤25分鐘左右。放涼之後，用刀子切成自己想要的大小。

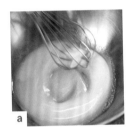
a

b

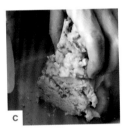
c

d

2. 巧克力豆餅乾

材料 （20.5×16×深3cm的調理盤1片份）

A | 低筋麵粉　80g
　 | 黍砂糖　20g
　 | 泡打粉　1撮
B | 植物油　30g
　 | 牛奶　15g
　 巧克力豆　30g

預先準備

· 在調理盤中鋪上烘焙紙。

作法

❶ 作法與上方相同（將原本的核桃替換成巧克力豆加進去）。放涼之後，用刀子切成自己想要的大小。

3. 燕麥餅乾

材料 （20.5×16×深3cm的調理盤1片份）

A| 低筋麵粉　70g
　　黍砂糖　15g
　　泡打粉　¼ 小匙
　　肉桂粉　少許
B| 植物油　30g
　　原味優格　30g
C| 燕麥片　30g
　　葡萄乾　30g

預先準備

· 將葡萄乾大略切碎。
· 在調理盤中鋪上烘焙紙。
· 將烤箱預熱至180℃。

作法

❶ 將B放入缽盆中，以打蛋器攪拌至變得黏稠，加入C之後畫圈攪拌。將A過篩加入，用刮板切拌，以刮板在缽盆中按壓，使麵團變得光滑。

❷ 按壓至沒有粉粒之後，用刮板將麵團切成一半，重疊在一起，反覆進行3～4次。

❸ 集中成一團之後，掐成10個小麵團放入調理盤中，用手按壓，把小麵團壓平，然後以180℃的烤箱烘烤25分鐘左右。放涼之後，用刀子切成自己想要的大小。

將燕麥加工成容易食用的燕麥片。酥脆的獨特口感，好吃到令人上癮。「ALARA ORGANIC JUMBO OATS」（富）⇒購買處請參照88頁

4. 穀麥棒

材料 （20.5×16×深3cm的調理盤1片份）

A| 低筋麵粉　50g
　　泡打粉　1撮
B| 燕麥片　30g
　　杏仁片　30g
　　細椰絲　30g
C| 楓糖漿　30g
　　植物油　30g
　蔓越莓乾　30g

預先準備

· 在調理盤中鋪上烘焙紙。
· 將烤箱預熱至180℃。

作法

❶ 將C放入缽盆之中，以打蛋器攪拌均勻之後，將蔓越莓乾也加進去攪拌。放入B、A（過篩加入），以刮板切拌。

❷ 切拌至沒有粉粒，呈柔軟鬆散的狀態後，放入調理盤中，用手按壓，把麵團壓平，然後以180℃的烤箱烘烤30分鐘左右。放涼之後，用刀子切成自己想要的大小。

原味
Plain

5.
奶油酥餅3種
Shortbread

原是加入了大量奶油的英國傳統糕點，
但藉由以刮板切開再重疊的方式，
即使是植物油麵團，
也能做出充滿咀嚼感的酥餅。
因為麵團比較厚，所以慢慢地加熱烘烤很重要。

薑汁檸檬
Ginger lemon

芝麻
Sesame

原味

材料 （20.5×16×深3cm的調理盤1片份）

A｜ 低筋麵粉　150g
　　黍砂糖　40g
　　鹽　1撮
　　泡打粉　¼小匙
B｜ 植物油　60g
　　牛奶　20g
　　香草油　少許

預先準備

· 在調理盤中鋪上烘焙紙。
· 將烤箱預熱至170℃。

作法

❶　將B放入缽盆中，以打蛋器攪拌至變得黏稠，將A過篩加入，以刮板切拌。
❷　切拌至沒有粉粒之後，用刮板將麵團切成一半，重疊在一起，反覆進行3～4次。
❸　集中成一團之後，掐成10個小麵團放入調理盤中，用手按壓（a），把小麵團壓平，用刮板劃入切痕成2×8列（b）。再以竹籤在每一小塊上面戳洞，戳成2×5列，然後以170℃的烤箱烘烤35分鐘左右。放涼之後，用刀子按照切痕分切成小片。

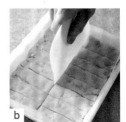

a　　　　b

薑汁檸檬

材料 （20.5×16×深3cm的調理盤1片份）

A｜ 與上方相同（黍砂糖是50g）
B｜ 植物油　60g
　　牛奶　10g
　　薑的榨汁　10g
　　磨碎的檸檬皮（無蠟的檸檬）　½個份
＊作法與上方相同（在A之後加入檸檬皮切拌）。放涼之後在表面的一半淋上薑汁糖霜（62頁）

芝麻

材料 （20.5×16×深3cm的調理盤1片份）

A｜ 與上方相同（黍砂糖是50g）
B｜ 與上方相同（沒有香草油）
　　炒熟的白芝麻、炒熟的黑芝麻　合計15g
＊作法與上方相同（在A切拌至約有一半均勻時，加入芝麻一起切拌）

6.
燕麥餅
Flapjack

以燕麥片、堅果、果乾等製作的英國茶點。
燕麥片的咀嚼感以及椰子的風味令人回味無窮。

材料 （20.5×16×深3cm的調理盤1片份）

A 燕麥片　60g
　 細椰絲　30g
　 低筋麵粉　30g
　 黍砂糖　10g
　 肉桂粉　¼小匙
　 泡打粉　1撮
　 鹽　1撮
B 植物油　40g
　 蜂蜜　10g
　 原味優格　10g

預先準備

· 將A裝入塑膠袋等之中，
　搖晃混合之後備用。
· 在調理盤中鋪上烘焙紙。
· 將烤箱預熱至180℃。

作法

❶　將B放入缽盆中，以打蛋器攪拌至變得黏稠，將混合好的A加入，以刮板切拌。
❷　切拌至沒有粉粒，呈柔軟鬆散的狀態之後（a），放入調理盤中，用手把麵團壓平，然後以180℃的烤箱烘烤20分鐘左右。放涼之後，用刀子切成自己想要的大小。

a

78

材料 （20.5×16×深3cm的調理盤1片份）

【塔皮】

A | 低筋麵粉　80g
　 | 糖粉　25g
　 | 泡打粉　1撮

B | 植物油　30g
　 | 牛乳　15g

【餡料】

C | 細砂糖　50g
　 | 蜂蜜　50g
　 | 水　50g

　鮮奶油　50ml

　杏仁片　50g

預先準備

・ 在調理盤中鋪上烘焙紙。

・ 將烤箱預熱至190℃。

作法

❶　塔皮參照81頁的①～③製作，以190℃的烤箱烘烤15分鐘左右。

❷　製作餡料。將C放入小鍋之中，以中火加熱，偶爾轉動一下鍋子，煮約5分鐘左右使水分揮發，直到剩下一半的分量。稍微變色之後加入鮮奶油（小心噴濺），一邊以木鏟攪拌一邊以較小的中火煮1分鐘使水分揮發，然後關火。

❸　加入杏仁片攪拌（a），倒入①之中攤平，以預熱至180℃的烤箱烘烤15分鐘左右。放涼之後，用刀子切成自己想要的大小。

a

7.
佛羅倫丁杏仁餅
Florentin

將我最喜歡的佛羅倫丁杏仁餅設計成可以更輕鬆完成的配方。
塔皮和餡料的厚度相同，這是美味的重點。

8.
巧克力香蕉塔
Chocolate banana tart

加入壓碎的香蕉，做成柔軟的餡料，
充滿香蕉風味的巧克力塔。
因為香蕉會變色，所以請於享用前再妝點上去。
香蕉也可以不要擺在上面，改成排列在已經盲烤過的塔皮底層
然後從上方倒入餡料之後放進烤箱烘烤。

材料（20.5×16×深3cm的調理盤1片份）

【塔皮】

A 低筋麵粉　80g
　　糖粉　25g
　　泡打粉　1撮

B 植物油　30g
　　牛奶　15g

【餡料】

　　烘焙用巧克力（苦味）　100g
　　鮮奶油　50g
　　蛋　1個
　　香蕉　½根（淨重50g）
　　蜂蜜　10g
　　頂飾配料用的香蕉　1又½根（淨重150g）

預先準備

· 將蛋恢復至室溫。
· 將巧克力細細切碎。
· 將餡料用的香蕉以叉子大略壓碎。
· 在調理盤中鋪上烘焙紙。
· 將烤箱預熱至190℃。

作法

❶　製作塔皮。將B放入缽盆中，以打蛋器攪拌至變得黏稠，將A過篩加入，用刮板將周圍的粉類撥至中央覆蓋，混拌到約有一半均勻時，改用切拌的方式混合。

❷　切拌至沒有粉粒之後，以刮板將麵團切成一半，重疊在一起，反覆進行3～4次。

❸　集中成一團之後，掐成10個小麵團放入調理盤中，用手按壓，把小麵團壓平，然後用叉子在整體上戳洞。以190℃的烤箱烘烤20分鐘左右。

❹　製作餡料。將巧克力放入缽盆中隔水加熱（缽盆底部墊著60℃的熱水），以打蛋器攪拌使巧克力融化。依照順序加入不覆蓋保鮮膜以微波爐加熱30秒的鮮奶油（逐次少量）、打散的蛋液（分成3次）、壓碎的香蕉和蜂蜜，每次加入時都要攪拌均勻。

❺　倒入③之中，以預熱至170℃的烤箱烘烤10分鐘左右。要享用的時候。將頂飾配料用的香蕉斜切成5mm厚的薄片，斜斜地錯開位置擺放在上面。

塔皮的作法是將粉類過篩加入，用刮板將粉類撥至中央覆蓋，混拌到約有一半均勻時，改用切拌的方式混合。

麵團切拌完成後，掐成10個小麵團放入調理盤中，用手按壓，把小麵團壓平。盡量使厚度一致。

將麵團壓平之後，用叉子在整體上戳洞（大約25處）。如此一來，可以防止塔皮在烘烤時膨脹突起。

在餡料的巧克力中加入壓碎的香蕉一起攪拌。添加香蕉可以為餡料增添風味和濕潤的口感。

9.
檸檬塔
Lemon tart

充滿檸檬酸味和杏仁香氣的餡料，
雖然作法簡單只需攪拌，卻格外的美味。
薄薄倒入的餡料與塔皮融為一體這點非常特別。
放上檸檬切片，烤出表情豐富的成品。

材料 （20.5×16×深3cm的調理盤1片份）

【塔皮】

A　低筋麵粉　80g
　　糖粉　25g
　　泡打粉　1撮
B　植物油　30g
　　牛奶　15g

【餡料】

　　蛋　1個
　　細砂糖　50g
　　植物油　10g
　　檸檬汁　約½個份（20g）
　　磨碎的檸檬皮（無蠟的檸檬）
　　　½個份
　　杏仁粉　30g
　頂飾配料用的檸檬
　　（無蠟的檸檬）　½個

預先準備

· 將頂飾配料用的檸檬，
　切成3mm厚的扇形。
· 在調理盤中鋪上烘焙紙。
· 將烤箱預熱至190℃。

作法

❶　製作塔皮。將B放入缽盆中，以打蛋器攪拌至變得黏稠，將A過篩加入，用刮板將周圍的粉類撥至中央覆蓋，混拌到約有一半均勻時，改用切拌的方式混合。

❷　切拌至沒有粉粒之後，以刮板將麵團切成一半，重疊在一起，反覆進行3～4次。

❸　集中成一團之後，掐成10個小麵團放入調理盤中，用手按壓，把小麵團壓平，然後用叉子在整體上戳洞。以190℃的烤箱烘烤15分鐘左右。

❹　製作餡料。依照順序將材料放入缽盆中，每次加入時都要以打蛋器攪拌均勻。倒入③之中，將頂飾配料用的檸檬擺放在整體上，以預熱至180℃的烤箱烘烤20分鐘左右。

餡料的材料要依序加入，每次加入時只需以打蛋器畫圈攪拌即可。雖然感覺有點稀軟，但是烘烤後就會凝固成濕潤的餡料。

10.
焦糖奶油塔
Caramel cream tart

最後拌入打發至立起尖角的鮮奶油，
讓焦糖奶油醬意外地變得滑順。
放入冷藏室冷卻，待焦糖奶油醬凝固時最好吃。
帶有酸味的果乾和堅果非常對味。

材料 （20.5×16×深3cm的調理盤1片份）

【塔皮】

A　低筋麵粉　100g
　　糖粉　30g
　　泡打粉　1撮

B　植物油　40g
　　牛奶　15g

【焦糖奶油醬】

　　細砂糖　80g
　　蜂蜜　10g
　　鮮奶油　100ml＋50ml

核桃、開心果　合計15g

杏桃乾　15g

預先準備

・ 將堅果放入平底鍋中以小火乾炒，
　然後將核桃切成2～3等分，
　開心果縱切成一半。

・ 將杏桃乾切成1.5cm的小丁。

・ 在調理盤中鋪上烘焙紙。

・ 將烤箱預熱至190℃。

作法

❶　製作塔皮。將B放入缽盆中，以打蛋器攪拌至變得黏稠，將A過篩加入，用刮板將周圍的粉類撥至中央覆蓋，混拌到約有一半均勻時，改用切拌的方式混合。

❷　切拌至沒有粉粒之後，以刮板將麵團切成一半，重疊在一起，反覆進行3～4次。

❸　集中成一團之後，掐成10個小麵團放入調理盤中，用手按壓，把小麵團壓平，然後往邊緣推出1cm的高度。用叉子在整體上戳洞，以190℃的烤箱烘烤20分鐘左右。

❹　製作焦糖奶油醬。將細砂糖和蜂蜜放入鍋中，以中火加熱，從鍋緣開始變色時，轉動鍋子使兩者混合，待全體變成深焦糖色時關火。逐次少量地加入鮮奶油100ml（小心噴濺），用打蛋器攪拌，以小火煮約30秒使水分揮發，然後移入缽盆中，將缽盆的底部墊著冰水，一邊以打蛋器攪拌一邊冷卻至產生黏性。將50ml的鮮奶油打發至立起尖角（九分發），加入缽盆

中，然後以橡皮刮刀迅速翻拌。

❺　待③完全放涼之後，將④倒入，以湯匙抹出凹凸紋路，然後撒上堅果和果乾。放在冷藏室中冷卻1小時以上即可享用。

＊堅果可以使用杏仁果、榛果、胡桃，
果乾可以使用葡萄乾、無花果乾、
蔓越莓乾等自己喜歡的種類

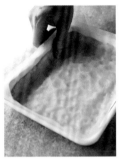

將塔皮麵團放入調理盤中，用手壓平之後，沿著盤緣往上多推高1cm左右。如此一來，即使填滿大量的焦糖奶油醬也OK。

將砂糖和蜂蜜以中火加熱，一邊搖晃鍋子一邊熬煮，待變成深焦糖色時關火。因為隨後加入了鮮奶油，所以比起其他的焦糖醬汁，顏色會稍微深一點。

將焦糖奶油醬的底部墊著冰水，以打蛋器攪拌冷卻3分鐘左右直到產生黏性。請注意，如果醬汁過於稀軟，會產生油水分離的現象。

材料介紹

以麵粉、砂糖、蛋、油和牛奶等
非常簡單的材料就能完成的烤盤甜點。
為大家介紹我平常愛用的材料，
以及選擇時的重點。

低筋麵粉

我喜歡使用「特寶笠」低筋麵粉，可以做出濕潤輕盈的糕點。蓬鬆度佳，適合用來製作海綿蛋糕或戚風蛋糕。可以的話，冷藏保存是最理想的，如果長時間不使用的話，就存放在冷凍室。★

砂糖

黍砂糖很適合用於植物油製作的糕點，比方說香蕉、蘋果、蔬菜口味的蛋糕，或是餅乾等，使用範圍廣泛。如果想要突顯巧克力、乳酪或水果的纖細風味，就使用細砂糖。糖粉會使口感變得輕盈，所以用於塔皮。「微粒子精製白糖」★

泡打粉

我使用的是無鋁泡打粉。它也具有使口感變得輕盈的作用，只要在製作餅乾時加入1撮，成品就會變得酥脆。開封之後，隨著時間一久，蓬鬆度會變差，所以要使用新鮮的泡打粉。存放於冷藏室中。「愛國泡打粉」★

蛋

我使用的是M尺寸的蛋（蛋黃20g＋蛋白30～35g）。因為可以與植物油的麵糊混合得很均勻，所以即使沒有事先打散成蛋液也OK。冰涼的蛋白比較容易打發，所以製作蛋白霜的時候要使用剛從冷藏室拿出來的蛋。

植物油

我喜歡使用無色透明且毫無風味或特殊味道的太白芝麻油。芥花油、米油或菜籽油也OK。橄欖油或褐色的芝麻油，因為風味太強烈，所以請避免使用。

優格

無糖的原味優格不要瀝乾水分，直接使用。加入優格可以製作出輕盈的蛋糕體。低脂優格沒有香醇的味道，所以不推薦，另外也要避免使用有甜味的優格。

巧克力

苦味巧克力、白巧克力都是使用法國品牌法芙娜的烘焙用巧克力。苦味巧克力則建議使用可可成分55～60%前半的產品，比較容易處理（使用的是「Caraque」）。或是也可以用苦味的巧克力片替代。★

牛奶／鮮奶油

牛奶不要選擇低脂或是無脂的，要使用成分無調整的產品。鮮奶油請選用乳脂肪含量35%的產品。即使與焦糖或巧克力搭配，風味依舊鮮明，而且就算稍微打發過度，還是很滑順，而且容易處理。

【糕點的保存期限】

●除了餅乾類之外，全部都要冷藏保存。保存期限的話，巧克力的糕點、堅果和果乾的糕點⇒約4日。乳酪、水果、蔬菜的糕點⇒約3日。上面擺放鮮奶油或焦糖奶油醬的糕點、塔⇒約2日。

●餅乾類要與乾燥劑一起裝進密閉容器裡，常溫可保存約2週。

●可以冷凍保存的糕點種類，除了沒有使用水果的布朗尼、布朗迪、乳酪蛋糕以外，還有蔬菜的糕點、堅果和果乾的糕點、餅乾類。先以保鮮膜包覆之後再放入夾鍊保鮮袋中，保存期限為2～3週。

★可至（富）購買⇒詳情請參照88頁

器具介紹

以1個調理盤就能完成的烤盤甜點，
使用的器具也全是手邊現有的東西。
一時興起時，立刻就能站在廚房裡
享受製作甜點的樂趣。

缽盆

我主要使用的是外徑18×高
10cm的相澤工房不鏽鋼製附
吊環缽盆（照片右），如果製
作餅乾等要以刮板切拌的麵
團，則使用直徑22cm的缽
盆。用來打發蛋白霜時，是
使用外徑14×高7.5cm的相
澤工房小型缽盆。

打蛋器

製作烤盤甜點時，常常需要
畫圈來攪拌麵糊，所以建議
大家要選用線圈牢固結實的
打蛋器。我很喜歡這支在東
京合羽橋購入的壽菓工精器
（HOTEI印）出品27cm長的
打蛋器。

橡皮刮刀

我使用的是耐熱矽膠製的橡
皮刮刀。麵糊經打蛋器攪拌
後，最後也是以這支橡皮刮
刀從底部翻拌，防止粉類積
存在底部混合不均勻。將麵
糊倒入調理盤時也會用到。

刮板

用來將餅乾、派、塔的麵團
以迅速切開的方式混拌。奶
油酥餅要靠刮板預先劃入切
痕，整形成2×8列，然後
加以烘烤。

網篩

因為是用來將粉類過篩放入
缽盆中，所以使用的是直徑
比缽盆小的網篩。附有握把
的類型也OK。我所使用的
是直徑15cm的網篩。也可
以事先將粉類過篩備用，然
後一次加進去。

料理秤

使用的是以1g為單位的電子
秤。麵團集中成團的狀況會
隨著水的分量而異，所以連
油和牛奶等液體，最好也都
是以g為單位正確地計量。
將材料依照順序加入1個缽
盆中，同時計量，每次加入
時攪拌，這樣就會很輕鬆。

大匙／小匙

1大匙＝15ml，1小匙＝5ml。
請將粉類等舀多一點再從匙
緣刮平，正確地計量。

擀麵棍

用來擀平派皮，或是壓碎用
於乳酪蛋糕底部的餅乾。也
可以用保鮮膜的紙筒代替。
我使用的是35cm長的擀麵
棍。請選用粗細、長度容易
握住的擀麵棍。

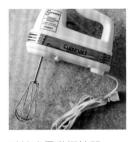

手持式電動攪拌器

用來打發蛋白，製作尖角挺
立的蛋白霜。因為乳脂肪含
量35％的鮮奶油有點不好打
發，所以也建議大家在製作
鮮奶油霜的時候也使用這個
器具。

烤盤

在本書中，我使用野田琺瑯
Cabinet尺寸（20.5×16×
深3cm）的琺瑯調理盤作為
模具。也可以使用尺寸相近
的不鏽鋼製或鋁製調理盤、
15cm的方形模具製作。

日文 Staff

設計　福間優子
攝影　福尾美雪
造型　西崎弥沙

採訪　中山み登り
校對　滄流社
編輯　足立昭子

◎（富）→ TOMIZ（富澤商店）　＊材料提供
網路商店　https://tomiz.com

＊商品的販售為截至 2019 年 10 月 18 日的資料。
根據商店或商品狀況，有可能買不到相同的商品，敬請見諒。

吉川文子（Yoshikawa Fumiko）

生於日本千の葉縣。糕點研究家。於自家的住宅中主持西點教室「咕咕霍夫（Kouglof）」。師事藤野真紀子、近藤冬子、法國的甜點師傅安東・桑托斯（Antoine Santos），研習糕點製作。以法式傳統糕點為基礎，同時以不使用奶油的糕點為中心，作為書籍或雜誌的食譜提案。繁體中文版著作有《低醣×零砂糖蛋糕》（出版菊）、《人氣料理家的無奶油輕盈系甜點配方》（積木文化）、《吃不胖的低醣生乳捲》（台灣東販）等多本書籍。
https://kouglof-cafe.com/

英式常溫甜點好食光

無奶油 × 省時快速 × 單一烤盤，
烘焙達人 51 款私藏配方全公開

2023 年 8 月 1 日初版第一刷發行

作　　　者　吉川文子
譯　　　者　安珀
特 約 編 輯　劉泓葳
編　　　輯　吳欣怡
美 術 編 輯　林佳玉
發　行　人　若森稔雄
發　行　所　台灣東販股份有限公司
　　　　　　＜地址＞台北市南京東路 4 段 130 號 2F-1
　　　　　　＜電話＞(02)2577-8878
　　　　　　＜傳真＞(02)2577-8896
　　　　　　＜網址＞http://www.tohan.com.tw
郵 撥 帳 號　1405049-4
法 律 顧 問　蕭雄淋律師
總 經 銷　　聯合發行股份有限公司
　　　　　　＜電話＞(02)2917-8022

國家圖書館出版品預行編目（CIP）資料

英式常溫甜點好食光：無奶油 × 省時快速 × 單一
烤盤，烘焙達人 51 款私藏配方全公開 / 吉川文
子著；安珀譯. -- 初版. -- 臺北市：臺灣東販股
份有限公司，2023.08
88 面；18.5×25.7 公分.
ISBN 978-626-329-941-2（平裝）

1.CST: 點心食譜

427.16   112010471

TRAYBAKE BUTTER WO TSUKAWANAI BATTO DE
TSUKURU IGIRISUFU YAKIGASHI
© FUMIKO YOSHIKAWA 2019
Originally published in Japan in 2019 by SHUFU-TO-
SEIKATSUSHA CO.,LTD.,TOKYO.
Traditional Chinese translation rights arranged with
SHUFU-TO-SEIKATSUSHA CO.,LTD. TOKYO,through
TOHAN CORPORATION, TOKYO.